水利工程管理与水利经济发展探究

张京 李文霞 孙英 ◎著

中国出版集团
中译出版社

图书在版编目（CIP）数据

水利工程管理与水利经济发展探究 / 张京，李文霞，孙英著. -- 北京 : 中译出版社，2024.1

ISBN 978-7-5001-7721-0

Ⅰ. ①水… Ⅱ. ①张… ②李… ③孙… Ⅲ. ①水利工程管理－研究－中国②水利经济－经济发展－研究－中国 Ⅳ. ①TV6②F426.9

中国国家版本馆CIP数据核字（2024）第033174号

水利工程管理与水利经济发展探究

SHUILI GONGCHENG GUANLI YU SHUILI JINGJI FAZHAN TANJIU

著　　者：张　京　李文霞　孙　英
策划编辑：于　宇
责任编辑：于　宇
文字编辑：薛　宇
营销编辑：马　萱　钟筱童
出版发行：中译出版社
地　　址：北京市西城区新街口外大街 28 号 102 号楼 4 层
电　　话：（010） 68002494 （编辑部）
邮　　编：100088
电子邮箱：book@ctph.com.cn
网　　址：http://www.ctph.com.cn

印　　刷：北京四海锦诚印刷技术有限公司
经　　销：新华书店
规　　格：787 mm × 1092 mm　1/16
印　　张：12.75
字　　数：243 千字
版　　次：2024 年 1 月第 1 版
印　　次：2024 年 1 月第 1 次印刷

ISBN 978-7-5001-7721-0　　　定价：68.00 元

前　言

水利是整个国民经济的基础产业，在我国四个现代化建设过程中占有重要地位，无论在规划、设计、施工以及经营管理阶段，都要讲究投入与产出，切实提高经济效益。管理是水利工程充分发挥兴利除害功能的关键，是整个水利工作的有机组成部分。加强水利工程管理不仅关系到水利工程建设目的的及时、准确、持续实现，而且关系到广大人民群众的切身利益和生命财产安全，关系到国民经济的稳定发展和社会进步。随着社会主义市场经济体制的确立，水利工程管理面临着新的形势和任务，工程管理的主客体和环境发生了较大的改变。水利工作处于从工程水利向资源水利、农村水利向都市水利、传统水利向现代水利转变的关键时刻，水利工程管理更要适应变化。

作为我国国民经济的重要组成部分，水利经济的发展为我国经济产值的不断增加作出了较大的贡献。同时，水利经济发展的合理与否事关整个水利事业的发展，并为其可持续发展奠定了良好的基础，提供了保障。

本书是对水利工程管理和水利经济发展研究的书籍。本书从水利工程的角度出发，结合水利工程建设与施工的相关技术，对水利工程进度、工程成本、质量等方面的内容进行详细介绍，同时对水利工程建设环境保护与文明施工进行了探讨，并对水利工程管理的现代信息化建设做出了论述。另外，本书分析了水利经济的管理与发展实践，对提升国家工程管理水平产生了重要影响，也给水利工程的品质要求带来了额外保证，进而提高国民经济工程的总体管理水平。本书适合水利工程与施工管理研究者使用。由于编者水平有限，书中难免存在不当之处，恳请读者给予批评指正。

目　录

第一章　水利工程建设基础

第一节　水利工程的基础理论

一、水利工程及工程建设的必要性

我国经济在改革开放之后迅速发展，国民生活水平大幅度提高，各项制度不断完善，水利设施建设也在大刀阔斧地进行。随着经济的高速发展，能源需求也急速增加。

（一）促进西部大开发的需要

黄土高原地区有煤炭、石油、天然气等 30 多种矿产，资源丰富，是我国西部地区十大矿产集中区之一，开发潜力巨大。该区是我国重要的能源和原材料基地，在我国经济社会发展中具有重要地位。该地区严重的水土流失和极其脆弱的生态环境与其在我国经济社会发展中的重要作用极不相称，这就要求在开发建设的同时，必须同步进行水土保持生态建设。堤坝建设是水土保持生态建设的重要措施，也是资源开发和经济建设的基础工程。加快堤坝建设，可以快速控制水土流失，提高水资源利用率，通过促进退耕还林、还草及封禁保护，加快生态自我修复，实现生态环境的良性循环，改善生产、生活和交通条件，为西部开发创造良好的建设环境，对于国家实施西部大开发的战略具有重要的促进作用。

山丘区资源丰富，有大量的矿产资源，如金、银、铁、铜、大理石等，由于缺电，这些矿产资源不能得到合理的开采和精深加工。同时，山丘区的加工业及其他产业发展也受到限制，严重制约着山区农村经济的发展。工程建成以后，由于电力资源丰富，可以促进农村经济的发展。水电站是山区水利和水利工程的重要组成部分，是贫困山区经济发展的重要支柱，地方财政收入的重要来源，农民增收的根本途径，对精神文明建设，以及对乡镇工、副业的发展和农村电气化将发挥重要作用。

（二）改善生态环境的需要

巩固退耕还林、还草成果的关键是当地群众要有长远稳定的基本生活保证。堤坝建设形成了旱涝保收、稳产、高产的基本农田和饲料基地，使农民由过去的广种薄收改为少种高产多收，促进了农村产业结构调整，为发展经济创造了条件，解除了群众的后顾之忧，与国家退耕政策相配合，就能够保证现有坡耕地“退得下、稳得住、不反弹”，为植被恢复创造条件，实现山川秀美。

（三）实现防洪安全的需要

泥沙主要源于高原。修建于沟道中的堤坝，从源头上封堵了向下游输送泥沙的通道，在泥沙的汇集和通道处形成了一道人工屏障。它不但能够拦蓄坡面汇入沟道内的泥沙，而且能够固定沟床，抬高侵蚀基准面，稳定沟坡，制止沟岸扩张、沟底下切和沟头前进，减轻沟道侵蚀。

（四）水利枢纽

水利枢纽是为满足各项水利工程兴利除害的目标，在河流或渠道的适宜地段修建的不同类型水工建筑物的综合体。水利枢纽按承担任务的不同，可分为防洪枢纽、灌溉枢纽、水力发电枢纽和航运枢纽等。多数水利枢纽承担多项任务，称为综合性水利枢纽。影响水利枢纽功能的主要因素是选定合理的位置和最优的布置方案。水利枢纽工程的位置一般通过河流流域规划或地区水利规划确定。具体位置需要充分考虑地形、地质条件，使各个水工建筑物都能布置在安全可靠的地基上，并能满足建筑物的尺度和布置要求，以及施工的必需条件。水利枢纽工程的布置，一般通过可行性研究和初步设计确定。枢纽布置必须使各个不同功能的建筑物在位置上各得其所，在运用中相互协调，充分有效地完成所承担的任务；各个水工建筑物单独使用或联合使用时水流条件良好，上下游的水流和冲淤变化不影响或少影响枢纽的正常运行，总之技术上要安全可靠；在满足基本要求的前提下，要力求建筑物布置紧凑，一个建筑物能发挥多种作用，减少工程量和工程占地，以减小投资；同时要充分考虑管理运行的要求和施工便利，工期要短。一个大型水利枢纽工程的总体布置是一项复杂的系统工程，需要按系统工程的分析研究方法进行论证确定。

二、水利工程的分类

水利工程按目的或服务对象可分为：防止洪水灾害的防洪工程；防止旱、涝、渍灾为农业生产服务的农田水利工程，或称灌溉和排水工程；将水能转化为电能的水力发电工程；改善和创建航运条件的航道和港口工程；为工业和生活用水服务，并处理和排除污水、雨水的城镇供水和排水工程；防止水土流失和水质污染，维护生态平衡的水土保持工程和环境水利工程；保护和增进渔业生产的渔业水利工程；围海造田，满足工农业生产或交通运输需要的海涂围垦工程；等等。一项水利工程同时为防洪、灌溉、发电、航运等多种目标服务的，称为综合利用水利工程。

（一）防洪工程

防洪工程（flood control works），为控制、防御洪水以减免洪灾损失所修建的工程。主要有堤、河道整治工程、分洪工程和水库等。按功能和兴建目的可分为挡、泄（排）和蓄（滞）几类。

（二）引水工程

引水工程包括水库和塘坝（不包括专为引水、提水工程修建的调节水库），按大、中、小型水库和塘坝分别统计。

（三）提水工程

提水工程，是指利用扬水泵站从河道、湖泊等地表水体提水的工程（不包括从蓄水、引水工程中提水的工程），按大、中、小型规模分别统计。调水工程，是指水资源一级区或独立流域之间的跨流域调水工程，蓄、引、提工程中均不包括调水工程的配套工程。

（四）地下水源工程

地下水源工程，是指利用地下水的水井工程，按浅层地下水和深层承压水分别统计。地下水利工程研究地下水资源的开发和利用，使之更好地为国民经济各部门（如城市给水、工矿企业用水、农业用水等）服务。农业上的地下水利用，就是合理开发与有效利用地下水进行灌溉或排灌结合改良土壤及农牧业给水。地下水源工程必须根据地区的水文地质条件、水文气象条件和用水条件，进行全面规划。在对地下水资源进行评价和摸清可开采量的基础上，制定开发计划与工程措施。在地下水利用规划中要遵循的原则有以下几点：第一，充分利用地面水，合理开发地下水，做到地下水和地面水统筹安排；第二，应根据各含水层的补水能力，确定各层水井数目和开采量，做到分层取水，浅、中、深结合，合理布局；第三，必须与旱涝碱咸的治理结合，统一规划，做到既保障灌溉，又降低地下水位、防碱防渍，既开采了地下水，又腾空了地下库容，使汛期能存蓄降雨和地面径流，并为治涝治碱创造条件。在利用地下水的过程中，还必须加强管理，避免盲目开采而引起不良后果（指与当地降水、地表水体有直接补排关系的潜水和与潜水有紧密水力联系的弱承压水）。其他水源工程包括集雨工程、污水处理再利用和海水利用等供水工程。

三、工程任务及规模

建设项目的任务，是指项目建成后需要达到的目标，而建设范围是指建设规模。这是整个水利工程任务中的最核心的一个环节，有关专业人员要在工程中的每一个过程对科技和效益两个大方面实施强有力的审核和校评，同时也要在良好方法的前提下，准确地进行工程任务中严格的费用预期计划，这是整个水利工程中各阶段预期费用掌控任务中的经济投入的重要根据。在投资决策阶段，挑选工程任务实施得最佳、最准确的建设水准并挑选最佳的工艺配备装置，进行完整、准确、公正的评估。

（一）工程特征水位的初步选择

初选灌区开发方式，确定灌区范围，选定灌溉方式。拟定设计水平年，选定设计保证率。确定供水范围、供水对象，选定供水工程总体规划。说明规划阶段确定的梯级衔接水位，结合调查的水库淹没数据和制约条件及工程地质条件，通过技术经济比较，基本选定水库正常蓄水位，初选其他主要特征水位。

（二）地区社会经济发展状况、工程开发任务

收集工程影响地区的社会经济现状和水利发展规划资料。水利工程资料主要包括现有、在建和拟建的各类水利工程的地区分布、供灌能力，以及待建工程的投资、年运行费等。确定本工程的主要水文及水能参数和成果。收集近年来社会经济情况，人口、土地、矿产、水资源等资料，工业、农业、交通运输业的现状及发展规划，主要国民经济指标，水资源和能源的开发和供应状况等资料。

（三）主要任务

确定工程等别及主要建筑物级别、相应的洪水标准和地震设防烈度；初选坝址；初拟工程枢纽布置和主要建筑物的形式和主要尺寸，对复杂的技术问题进行重点研究，分项提出工程量。根据相关规划，结合本工程的特点，分析各综合利用部门对工程的要求，初定其开发任务以灌溉、供水为主，兼有防洪、发电、改善水环境等功能。

1. 供水范围、设计水平年、设计保证率

供水范围：根据相关规划，协调区域水资源配置，结合上阶段分析成果，进一步论证工程供水范围。具体要求包括：①满足灌区农业抗旱的需要；②满足灌区工业发展的需要；③解决灌区人畜饮水安全的需要；④改善和保护灌区生态环境的需要。

设计水平年：水利工程的设计水平年，应根据其重要程度和工程寿命确定。一般的水利工程，可采用“设计水平年”和“远景水平年”两种需水平。设计水平年是水利工程的设计依据，按远景水平年进行校核。对于特别重要的工程规模的确定，则应考虑得更长远一些。综合利用水利枢纽应先论证，拟定各需水部门的设计水平年。对于以发电为主的综合利用枢纽，设计水平年的选择应根据地区的水力资源比重、水库调节性能及水电站的规模等情况综合分析确定。

设计保证率：对设计保证率的选定，可以间接反映各地区某段时期内的技术和经济政策导向。此外，设计保证率与当前付出成正比，随着设计保证率的提高，所应承担代价逐步增加，水资源客体承担风险也相应越小。值得注意的是，不同水资源事件所需设计保证率不尽相同，因此有必要在充分考虑城镇与农村规划、区域经济状况和工程环境条件基础上，探究水资源设计保证率选定的合理范围。

2. 需水预测

根据工程供水范围内区域社会经济发展规划及各行业发展规划，分部门预测灌溉需水、生活需水、第二产业需水、第三产业需水、生态环境需水及其他需水。水库坝址需下泄的生态环境用水量由环评专业提供，本专业重点研究灌溉需水、生活需水、工业需水、发电用水。

3. 对发电用水、是否发电与灌溉供水结合应进行研究

（1）是否预留发电库容的方案

方案一：不预留专门库容，水库对电站用水不做调节，水库规模由灌区综合供水和生态环境用水确定。

方案二：考虑到水库来水丰沛，汛期余水较多，水库按枯水年（或中水年）基本实现完全年调节控制。

（2）是否发电与灌区供水结合的方案

方案一：发电与灌区供水结合，电站布置在渠首，多利用灌区综合用水发电。

方案二：发电与灌区供水不结合，电站布置在坝后，仅利用环境用水和水库汛期余水发电，但可多利用水头。

4. 供水预测

调查了解灌区现有水利工程的数量、分布、供水能力及运行情况，收集有关的水利规划资料，分析预测灌区各类水工程的数量和可供水量。

（1）引水堰和提灌站

根据其灌溉和供水户的需水量、引水能力和取水坝址的来水量分析计算。

（2）山坪塘和石河堰

采用兴利库容乘以供水系数法估算供水量。采用典型调查方法，参照邻近及类似地区的成果分析确定其供水系数，结合水文提供的各年径流频率求逐年的供水量，主要用于削减灌区用水峰量。

（3）小水库

根据其集水面积、兴利库容、水文提供的径流深及供水区需水预测成果，采用长系列进行调节计算，得出逐年的供水量。

5. 供水区水量平衡分析

（1）渠系总布置

与水工专业共同研究渠系总布置方案，落实干支斗渠的长度、衬砌形式，绘制灌区渠系直线示意图。根据灌区的地形条件进行典型区选择和典型区田间灌排渠系布置，以此为据，计算干支斗渠以下的田间灌溉水利用系数。

（2）分片区水量平衡

根据灌区分片，首先根据需水预测、灌区水资源分析成果及调查的自备水源供水情况，分析预测现状和设计水平年自备水源的供水量，在求得灌区需水利工程供水量后，根据灌区供需水预测成果，进行现状和设计水平年供需平衡分析。

（3）灌溉水利用系数分析及需水库供水量的计算

在分片水量平衡的基础上，根据灌区渠系布置及分渠系设计灌水率，采用考斯加可夫公式，从下往上逐级推算渠道净流量、毛流量和水量，求得各级渠道的渠道水利用系数及干渠渠首需水库的供水量。田间水利用系数采用 0.92，由不计工业生活供水时求得的渠系水利用系数乘以渠系水利用系数得到灌区的灌溉水利用系数。

6. 水库径流调节

根据水库天然来水量及供水量，进行水库调节计算，经方案比较，选择水库兴利容积及相应特征水位。

7. 防洪规划

根据河流域分布特点，分析确定水库防洪保护范围。分析防洪保护对象的防洪要求，确定其防护标准。根据河流域自然地理条件、防洪现状，结合防洪保护对象防洪要求，选择防洪总体布置方案。

第二节　水利工程占地及移民安置

一、水利工程占地

随着我国经济的发展，水利工程也在逐步发展壮大。水利工程是一项重大的长期工程，是关乎几代人生存发展的重要工程。发展水利对于我国这样一个水利大国来说非常必要，同时兴水利、促进水利和人民和谐共存是建设水利工程的目标，而高质量的水利工程是发挥水利作用的重要保证。有效的、高质量的水利工程对于农业经济发展也有着举足轻重的作用。我国水利情况较为复杂，水利相关建设难度较大，国家的经济发展和人民群众的自身生活与水利设施关系密切。在水利工程的投资工作上，我国在管理上还存在着不少问题，在征地拆迁和移民安置的问题上工作还有所不足。水利工程的建设对于我国的水灾治理、农业经济发展等各方面都有着重要及深远的意义。在现阶段，随着我国经济的快速发展，水利项目不断增多，整体行业的规模不断增大，项目管理团队在管理工作上也遇到了很大的挑战，做好水利项目的管理工作，严格控制水利工程中投资资金，做好征地移民安置工作，对于打造安全稳定的高质量水利工程，保证我国的经济稳定发展，维持社会和谐和稳定，保证人民生命财产安全有着重要的意义。征地移民是水利工程建设管理中的重要一环，要利用完善的监管工作对征地移民工作进行管理，为工程单位的经济效益提供保障，同时也要保证拆迁地区居民的自身权益。在征地移民的工作进行前，要做好规划工作，制订合理科学的安置计划。在水利工程征地的选择上，大多数是农村地区的土地，所以农民对于征地工作的态度非常重要，也是整体工程进行和实施中较为重要的不安因素。在制订安置计划时，要在法律、法规的基础上，合理对征地移民工作进行分析，做好前期规划工作，保证后续工作的顺利开展。

（一）征、占地拆迁及移民设计的原则

征、占地拆迁及移民设计的原则是尽量少征用土地面积，少拆迁房屋，少迁移人口，深入实地调查，要顾全堤防整险加固工程建设和人民群众两方面的根本利益。

(二) 减少拆迁移民的措施

堤身加高培厚、填筑内外平台、堤基渗控处理等，是堤防整险加固工程造成移民拆迁的主要原因。经过技术及经济合理性分析研究与优化设计，在不影响干堤防洪能力的情况下，可以采取以下措施减少拆迁移民。在人口集中的地区，在加高培厚进行整治时，进行多方案比较，选取最优的方案，以减少堤身加高培厚造成的工程占地和拆迁移民。堤基渗控的一般方式为“以压为主，压导结合”，根据堤段具体地质条件，堤基如有浅沙层，可采取垂直截渗措施，以减少防渗铺盖和堤后压重占地而导致的移民。在拆迁和征地较集中的地区，根据工程实施情况，尽可能采用分步实施的原则，这样既可以减少一次性投资，又可以减少对地方带来的压力，更重要的是可以减少大量集中拆迁移民导致的拆迁移民的反感情绪及不良的社会影响。

(三) 征、占地范围

根据堤防工程设计，如长江支流干堤整险加固工程将加高培厚原堤身断面，填筑内外平台，险工险段增加防渗铺盖和压浸平台，填筑堤内外 100~200m 范围内的渊塘，涵闸泵站重建或改造等，这些工程措施将占压一定数量的土地和拆迁工程范围内的房屋及搬迁部分居民。同时，施工料场和施工场地、道路，需要临时占用部分土地。

(四) 实物指标调查方法

实物指标调查方法是指按照实物指标调查的内容制定调查表格，提出调查要求，由各区堤防管理部门负责调查、填表。在此基础上进行汇总统计和分析，重点抽样调查，实地核对，主要包括居民户调查、企事业单位拆迁调查、占地调查。另外，对工程占压的道路、输变电设施、电信设施、广播电视设施、公用设施及其他专用设施分堤段进行调查登记。根据各区调查登记的成果，组织专业技术人员对征地拆迁量较大的堤段进行重点抽样调查、核对。

二、移民安置

(一) 移民安置环境容量

移民安置环境容量是指在一定区域、一定时期内，在保证自然生态向良性循环演变，并保证在一定生活水平和环境质量的条件下，按照拟定的规划目标和安置标准，对该区域自然资源进行综合开发利用后，该区域经济所能供养和吸收的移民人口数量。某区域的环境容量与其资源数量成正比，如某村民小组的耕地越多，则该组容量越大；容量与资源的开发利用水平、产出水平成正比，如同样面积的耕地，种植大棚蔬菜的容量比种植水稻的容量要大；容量与安置标准成反比，安置标准越高，容量越小。第二产业安置移民环境容量计算只考虑结合地方资源优势，利用移民生产安置资金新建的第二产业项目，按项目拟配置的生产工人数量确定接纳移民劳动力的数量。

（二）生产安置人口

因水利水电工程建设征收或影响主要生产资料（土地），需要重新安排生产出路的农业人口。可以这样理解：一个以土地为主要收入来源的村庄，受水库淹没影响后，其生产安置人口占村庄总人口的比重与水库淹没影响的土地占该村庄土地总量的比重应是一致的。生产安置人口在规划阶段，是一个量化分析的尺度，不容易落实到具体的人。

（三）搬迁安置人口

搬迁安置人口包括由于水利水电工程建设征地而必须拆迁的房屋内所居住的人口，含农业人口和非农业人口。搬迁安置人口可以根据住房的对应关系落实到人。生产安置人口和搬迁安置人口是安置任务指标，不是淹没影响的实物指标。

（四）水库库底清理

在水库蓄水前，为保证水库水质和水库运行安全，必须对淹没范围内的房屋及附属建筑物、地面附着物（林木）、各类垃圾和可能产生污染的固体废弃物采取拆除、砍伐、清理等处理措施。这些工作称为水库库底清理。库底清理分为一般清理和特殊清理。一般清理又分为卫生清理、建（构）筑物清理（残留高度不得超过地面0.5m）、林木清理（残留树桩不得高出地面0.3m）三类。特殊清理是指为开发水域各项事业而进行的清理（如水上运动场内的一切障碍物应清除，水井、地窖、人防及井巷工程的进出口等，应进行封堵、填塞和覆盖），特殊清理费用由相关单位自理。

三、移民安置的原则

根据国家和地方有关法律、条例、法规，参照其他工程移民经验，制定以下移民安置原则。

第一，节约土地是我国的基本国策。安置规划应根据我国人多地少的实际情况，尽量考虑少占压土地，少迁移人口。

第二，移民安置规划要与安置地的国土整治、国民经济和社会发展相协调，要把安置工作与地区建设、资源开发、经济发展、环境保护、水土保持相结合，要因地制宜地制定恢复与发展移民生产的措施，为移民自身发展创造良好条件。

第三，贯彻开发性移民方针，坚持国家扶持、政策优惠、各方支援、自力更生的原则，正确处理国家、集体、个人之间的关系。通过采取前期补偿、补助与后期生产扶持的办法，妥善安置移民的生产、生活，逐步使移民生活达到或者超过原有水平。

第四，移民安置规划方案要充分反映移民的意愿，要得到广大移民的理解和认可。

第五，各项补偿要以核实并经移民签字认可的实物调查指标为基础，合理确定补偿标准，不留投资缺口。

第六，农村人口安置应尽可能以土地为依托。

第七，集中安置要结合集镇规划和城市规划进行。

第八，迁建项目的建设规模和标准，以恢复原规模、原标准（等级）、原功能为原则。结合地区发展，扩大规模，提高标准及远景规划所需的投资，需要由当地政府和有关部门自行解决。

四、移民安置基本政策

（一）实行开发性移民工作方针

改消极补偿为积极创业，变救济生活为扶持生产，把移民安置与经济社会发展、资源开发利用、生态环境保护相结合，使移民在搬迁后获得可持续发展的生产资料和能力，使其生产、生活条件能得到不断改善，实现移民长远生计有保障。开发性移民的理论基础是系统工程论，它从系统的、开发的观点指导移民安置工作。开发性移民工作方针应该把握以下几个关键：一是科学编制移民安置规划；二是使移民获得一定的生产资料，而不是简单发放土地补偿补助费用；三是培训移民，使其具有从配置的生产资料上获得收入的能力；四是实际工作中要注意区分哪些属于移民补偿费用，哪些属于发展费用，不能把发展部分的费用放在移民补偿的账上。

（二）前期补偿补助、后期扶持政策

前期补偿补助、后期扶持政策有别于政治移民、赔偿移民的政策，基于当前我国经济发展水平提出，并随经济发展不断调整前期补偿水平和后期扶持力度。

（三）移民安置基本目标——使移民生活达到或超过原有水平

使移民生活达到或超过原有水平既是社会主义市场经济的基本要求，又是立党为公、执政为民理念的具体体现，也是落实科学发展观、建设和谐社会的必然要求。移民安置规划目标一般取人均资源占有量。

五、移民生产安置规划

因各方面因素，水利水电工程建设征地造成了较多的遗留问题，甚至现有、在建的水利水电工程，由于征地补偿方案缺乏科学性，补偿概算不足等因素，带来了一定的社会不安定因素，诱发了一些地区性的社会、经济不和谐的现象和问题。这一问题已引起业内人士的广泛关注。它既关系到征地移民的切身利益，也关系到地方经济发展的一次契机。移民安置方式对移民文化有着重大影响。

水利建设征地主要对农村影响较大，农村移民是水利工程建设征地实施中容易引发不安定因素的群体。因此，妥善安置征地搬迁的移民，除了做好有关政策工作，还需要做好实施安置的前期调查规划工作。

（一）策略

第一，农村移民生产安置应贯彻开发性移民方针，以大农业安置为主，通过改造中产田、低产田，发展种植业，推广农业科学技术，提高劳动生产率，使每个移民都有恢复原有生活水平的物质基础。

第二，对有条件的地方，应积极发展村办企业和第三产业以安置移民。

第三，对耕地分享达不到预定收入目标的地方，可向农业人口提供非农业就业机会。

（二）生产安置对象和任务

生产安置对象为因工程征地而失去土地的人口。

生产安置任务具体包括移民的去向安排，移民居住和生活设施、交通、水电、医疗、学校等公共设施的建设或安排，土地征集和生产条件的建立，社区的组织和管理等生产安置任务是为移民重建新的社会、经济、文化系统的全部活动。

（三）安置目标

移民生产安置的目标是达到或超过原有的生活水平。由于工程的影响，征地区农民人均占有耕地将有不同程度的减少，如维持现有的生产条件，将会影响农民的收入，因此要达到上述安置目标，必须采取生产扶持措施。考虑到征地区人均拥有耕地少，除了可采取以提高劳动生产率和单位面积产出率为途径的种植业生产措施，还需要大力开展养殖业和村办企业、第三产业，确保农民生活达到或超过原有水平。

（四）安置标准

种植业安置。在农业生产条件较好、农作物产量高的地区，采取以推广农业科学技术、优化种植结构、扩大高效经济作物种植比例、提高农产品商品率、发展生态农业为主要途径的生产安置方式。在农业生产条件有待改善的地区，采取以土地改良和加强农田水利建设以提高单位面积产量为主要途径的生产安置方式。为使征地区农民收入更有保障地达到预定目标，安置规划拟采用每改造或改善10~15亩耕地安置一名农业人口。对于少数人多地少的地区，因可供改造的耕地有限，将根据地方特色，调整种植结构，优先发展大棚蔬菜、林果花卉等经济作物，实现高投入、高产出，使移民生活保持原有水平或有所提高。

第三节　水利工程施工与相关技术

一、水利工程施工基础

（一）水利工程施工理念

查阅《现代汉语词典》，“水利”一词有两种含义：①利用水力资源和防止水灾害的事业；②指水利工程，如兴修水利。“工程”也有两种含义，其中一种是：土木建筑或其他生产、制造部门用较大而复杂的设备来进行的工作。确切地说，水利工程是对天然水资源兴水利、除水害所修建的工程（包括设施和措施）。“设施”是指为进行某项工作或满足某种需要而建立起来的机构、系统、组织、建筑等。“措施”是指针对某种情况而采取的处理办法。“施工”是按照设计的规格和要求建筑房屋、桥梁道路、水利工程等。

水利工程施工就是按照设计的规格和要求，建造水利工程的过程。所以，施工的目的是设计的实现和运用需要的满足。施工的依据是规划设计的成果。施工的特征包括实践性和综合性，实践性是指工程必须经得起实际运用的检验，容不得半点虚假和疏忽，综合性是指单纯靠工程技术难以实现规划设计的目的，需要综合运用自然科学和社会科学的知识及经验。施工的目标要追求安全经济，主要表现在质量和进度上。保证质量才能保证安全，这是一切效益的根本前提，有效益就有“盈利—再生产—再盈利”的良性循环。保证进度才有效益，这需要科学又先进的施工方法和管理方法。

过去，以人力施工为主时，施工技术主要研究工种的施工工艺。现在，随着科学的发展和技术的进步，更加讲究施工机械与工艺及其组合用于各种建筑物时的施工方案与要求，同时对科学、系统的施工管理提出了更高的要求。施工单位负责工程施工，需要建设单位按时进行工程结算，以获得资金财务上的支持，需要设计单位及时提供图纸，需要材料、设备供应单位按质按量适时供应所需的材料和设备，以保证施工的顺利进行。而我国又将工程建设纳入基本建设管理，只有工程建设项目列入政府规划，有了获批的项目建议书以后，才能进行初步查勘和可行性研究；只有可行性研究报告经审核通过，才可据以编制设计任务书，落实勘察设计单位，开展相应的勘测、设计和科研工作；只有当开工准备已具有相当程度，场内外交通已基本解决，主要施工场地已经清理平整，风、水、电供应和其他临建工程已能满足初期施工要求时，才能提出开工报告，转入主体工程施工。因此，施工管理又必须符合国家对工程建设管理的要求，笼统地讲就是要按基本建设程序办事。

（二）水利工程建设程序

1. 编制项目建议书

项目建议书是在区域规划和流域规划的基础上，对某建设项目的建议性专业规划。项目建议书主要是对拟建项目作出初步说明，供政府选择并决定是否列入国民经济中长期发展计划。其主要内容为：概述项目建设的依据，提出开发目标和任务，对项目所在地区和附近有关地区的建设条件及有关问题进行调查分析和必要的勘测工作，论证工程项目建设的必要性，初步分析项目建设的可行性与合理性，初选建设项目的规模、实施方案和主要建筑物布置，初步估算项目的总投资。区域规划和流域规划中都包括专业规划和综合规划，专业规划服从综合规划；区域规划、流域规划、国民经济发展规划之间的关系是前者为后者提供建议，但前者最终要服从后者。

2. 可行性研究

可行性研究是在项目建议书的基础上，对拟建工程进行全面技术经济分析论证的设计文件。其主要任务是：明确拟建工程的任务和主要效益，确定主要水文参数，查清主要地质问题，选定工程场址，确定工程等级，初选工程布置方案，提出主要工程量和工期。初步确定淹没、用地范围和补偿措施，对环境影响进行评价，估算工程投资，进行经济和财务分析评价，在此基础上提出技术上的可行性和经济上的合理性的综合论证，以及工程项目是否可行的结论性意见。

3. 设计

（1）初步设计

可行性研究报告经审核通过，即意味着建设项目已初步确定。可根据可行性研究报告编制设计任务书，落实勘察设计单位，开展相应的勘测、设计和科研工作。初步设计是在可行性研究的基础上，在设计任务书的指导下，通过进一步勘察，对工程及其建筑物进行的最基本的设计。

其主要任务是：对可行性研究阶段的各种基本资料进行更详细的调查、勘测、试验和补充，确定拟建项目的综合开发目标、工程及主要建筑物等级、总体布置、主要建筑物形式和轮廓尺寸、主要机电设备形式和布置，确定总工程量、施工方法、施工总进度和总概算，进一步论证在指定地点和规定期限内进行建设的可行性和合理性。

（2）招标设计

招标设计是为进行水利工程招标而编制的设计文件，是编制施工招标文件和施工计划的基础。招标设计要在已经批准的初步设计及概算的基础上，对已经确定实行投资包干或招标承包制的大中型水利水电工程建设项目，根据工程管理与投资的支配权限，按照管理单位及分标项目的划分，按投资的切块分配进行分块设计，以便于对工程投资进行管理与控制，并作为项目投资主管部门与建设单位签订工程总承包（或投资包干）合同的主要依据。同时提交满足业主控制和管理所需要的，按照总量控制、合理调整的原则编制的内部预算，即业主预算，也称为执行概算。

（3）施工详图

初步设计经审定核准，可作为国家安排建设项目的依据，进而制定基本建设年度计划，开展施工详图设计以及与有关方面签订协议合同。施工详图是在初步设计和招标设计的基础上，绘制具体施工图的设计，是现场建筑物施工和设备制作安装的依据。

其主要内容为：建筑物地基开挖图，地基处理图，建筑物体形图、结构图、钢筋图，金属结构的结构图和大样图，机电设备、埋件、管道、线路的布置安装图，监测设施布置图、细部图等，并说明施工要求、注意事项、所选用材料和设备的型号规格、加工工艺等。施工详图不用报审。施工详图设计为施工提供能按图建造的图纸，允许在建设期间陆续分项、分批完成，但必须先于工程施工进度的相应准备时期。

4. 开工准备

初步设计及概算文件获批后，建设项目即可编制年度建设计划，据以进行基本建设拨款、贷款。水利工程的建设周期较长，为此，应根据批准的总概算和总进度，合理安排分年度的施工项目和投资。分年度计划投资的安排，要与长期计划的要求相适应，要保证工程的建设特性和连续性，以确保建设项目在预定的周期内能顺利建成投产。

初步设计文件和分年度建设计划获批后，建设单位就可进行主要设备的申请订货。

在建设项目的主体工程开工之前，还必须完成各项施工准备工作，其主要内容如下：①落实工程永久占地与施工临时用地的征用，落实库区淹没范围内的移民安置；②完成场地平整及通水、通电、通信、通路等工程；③建好必需的生产和生活临时建筑工程；④完成施工招投标工作，并择优选定监理单位、施工单位和主要材料的供应厂家。

建设单位按照获批的建设文件，组织工程建设，保证项目建设目标的实现；建设单位必须按审批权限，向主管部门提出主体工程开工申请报告，经批准后，主体工程方能正式开工。

5. 组织施工

施工阶段是工程实体形成的主要阶段，建设、设计、监理、供应和施工各方都应围绕建设总目标的要求，为工程的顺利实施积极协作配合。建设单位（即项目法人）要充分发挥建设管理的主导作用，为施工创造良好的条件。设计单位应按时、按质完成施工详图的设计，满足主体工程进度的要求。监理单位要在建设单位的授权范围内，制定切实可行的监理计划，发挥自己在技术和管理方面的优势，独立负责项目的建设工期、质量、投资的控制及现场施工的组织协调。供应单位应严格遵照供应合同的要求，将所需设备和材料保质、保量、按时供应到位。施工单位应严格遵照施工承包合同的要求，建立现场管理机构及质量保证措施，合理组织技术力量，加强工序管理，服从监理监督，力争按质量要求如期完成工程建设。

6. 生产准备

生产准备是建设项目投产前所需进行的一项重要工作，是建设阶段转入生产经营阶段的必要条件。建设单位应按照建管结合和项目法人责任制的要求，在施工过程中按时组建专门机构，适时做好各项生产准备工作，为竣工验收后的投产运营创造必要的条件。

生产准备应根据不同类型的工程要求确定，一般应包括如下内容。

（1）生产组织准备

建立生产经营的管理机构及相应管理规章制度。

（2）招收和培训生产人员

按照生产运营的要求，配备生产管理人员，并通过多种形式的培训，提高人员素质，使之满足运营要求。要组织生产管理人员参与工程的施工建设、设备的安装调试及工程验收，使其熟练掌握与工程投产运营有关的生产技术和工艺流程，为顺利衔接基本建设和生产经营做好准备。

（3）生产技术准备

生产技术准备主要包括技术资料的收集汇总、运行方案的制定、岗位操作规程的制定等工作。

（4）生产物资准备

生产物资准备主要是落实投产运营所需要的原材料、工（器）具、备件的制造或订货，以及其他协作配合条件的准备。

（5）正常的生活福利设施准备。

7. 竣工验收

竣工验收是工程完成建设目标的标志，是全面考核基本建设成果、检验设计和工程质量、办理移交手续、交付投产运营的重要环节。当建设项目的建设内容全部完成，并经过所有单位工程验收，符合设计要求时，可向验收主管部门提出申请，根据国家颁布的验收规程，组织单项工程验收。

验收的程序会随工程规模大小而有所不同，一般分两阶段验收，即初步验收和正式验收。工程规模较大、技术较复杂的建设项目可先进行初步验收。初步验收工作由监理单位会同设计、施工、质量监督、主管单位代表共同进行，初步验收的目的是帮助施工单位发现遗漏的质量问题，及时补救；待施工单位对初步验收中发现的问题做出必要的处理之后，再申请有关单位进行正式验收。在竣工验收阶段，建设单位要认真清理所有财产和物资，办理工程结算，并编制好工程竣工决算，报上级主管部门审查。

8. 投产运行

验收合格的项目，办理工程正式移交手续，工程即从基本建设转入生产运营或试运行。

9. 项目后评价

建设项目竣工投产并已生产运营 1~2 年后，对项目进行综合评价，称为项目后评价。其主要内容如下。

一是影响评价，即评价项目投产后对各方面的影响。

二是效益评价，即对项目投资、国民经济效益、财务效益、技术进步、规模效益、可行性研究深度等进行评价。

三是过程评价，即对项目的立项、设计、施工、建设管理、竣工投产、生产运营等全过程进行评价。

项目后评价的目的是总结项目建设的成功经验。对于项目管理中存在的问题，及时进行纠正并吸取教训，为今后类似项目的实施，在提高项目决策水平和投资效果方面积累宝贵经验。

上述基本建设程序的组成环节、工作内容、相互关系、执行步骤等，是经过水利工程建设的长期实践总结出来的，反映了基本建设活动应有的、内在的、本质的、必然的联系。由于水利工程建设规模较大，牵涉因素较多，且工作条件复杂、效益显著、施工建造难度大、一旦失事后果严重，因此水利工程建设必须严格遵守基本建设程序和规范规程。

（三）水利工程施工的任务

一是在编制项目建议书、可行性研究、初步设计、施工准备和施工阶段，根据其不同要求、工程结构的特点，以及工程所在地区的自然条件，社会经济状况，设备、材料、人力等资源供应情况，编制施工组织设计和投标计价。

二是建立现代项目管理体系，按照施工组织设计，科学地使用人力、物力、财力，组织施工，按期完成工程建设，保证施工质量，降低工程成本，多快好省地全面完成施工任务。

三是在施工过程中开展观测、试验和研究工作，推动水利水电建设科学技术的进步。

四是在生产准备、竣工验收和后评价阶段，完善工程附属设施及施工缺陷部位，并完成相应的施工报告和验收文件。

（四）水利工程施工的特点

受自然条件影响大。工程多在露天环境中进行，水文、气象、地形、工程地质和水文地质等自然条件在很大程度上影响着工程施工的难易程度和施工方案的选择。在河床上修建水工建筑物，不可避免地要控制水流，进行施工导流，以保证工程施工的顺利进行。在冬季、夏季和雨天施工时，必须采取相应的措施，避免气候影响的干扰，保证施工质量及进度。

工程量和投资大，工期长。水利枢纽工程量一般都很大，有的甚至巨大，修建时需花费大量的资金，同时施工工期也很长。

施工质量要求高。水利工程多为挡水和泄水建筑物，一旦失事，对下游国民经济和生命财产会造成很大的损失，所以需要提高施工质量要求，稳定、安全、防渗、防冲、防腐蚀等必须得到保证。

相互干扰限制大。水利工程一般由许多单项工程组成，布置比较集中，工种多，工程量大，施工强度高，再加上地形条件的限制，施工干扰比较大，因此必须统筹规划，重视现场施工与管理。

多方因素制约施工。修建水利工程会涉及许多部门，如在河道上施工的同时，往往还要满足通航、发电、下游灌溉、工业及城市用水等的需要，这会使施工组织和管理变得复杂化。

作业安全难保障。在水利水电工程施工中有爆破作业、地下作业、水域作业和高空作业等，这些作业常常平行交叉进行，对施工安全非常不利。

临建工程修建多。水利工程多建在荒山峡谷河道，交通不便，人烟稀少，常需要修建临时性建筑，如施工导流建筑物、辅助工厂、道路、房屋和生活福利设施，这些都会大大增加工程难度。

组织管理难度大。水利工程施工不仅涉及许多部门，而且会影响区域的社会、经济、生态甚至气候等因素，施工组织和管理所面临的是一个复杂的系统。因此，必须采取系统分析的方法，统筹兼顾，全局优化。

二、水利工程施工技术

（一）土石方施工

1. 工程爆破技术

炸药与起爆器材的日益更新，施工机械化水平的不断提高，为爆破技术的发展创造了重要条件。多年来，爆破施工从以手风钻为主发展到潜孔钻，并由低风压向中高风压发展，这为加大钻孔直径和提高钻孔速度创造了条件；液压钻机的应用，进一步提高了钻孔效率和精度；多臂钻机及反井钻机的采用，使地下工程的钻孔爆破进入了新阶段。近年来，通过引进开发混装炸药车，实现了现场连续式自动化合成炸药生产工艺和装药机械化，进一步稳定了产品质量，改善了生产条件，提高了装药水平，增强了爆破效果。此外，深孔梯段爆破、洞室爆破开采坝体堆石料技术也日臻完善，既满足了坝料的级配要求，又加快了坝料的开挖速度。

2. 土石方明挖

挖凿岩机具和爆破器材的不断创新，极大地促进了梯段爆破及控制爆破技术的发展，使原有的微差爆破、预裂爆破、光面爆破等技术日趋完善；施工机具的大型化、系统化、自动化使得施工工艺和施工方法发生了重大变革。

（1）控制爆破技术

基岩保护层原采用分层开挖，经多个工程试验研究和推广应用，发展到采用水平预裂（或光面）爆破法和孔底设柔性垫层的小梯段爆破法一次爆除，确保了开挖质量，加快了施工进度。特殊部位的控制爆破技术解决了在新浇混凝土结构、基岩灌浆区、锚喷支护区附近进行开挖爆破的难题。

（2）土石方平衡

在大型水利工程施工中，十分重视对开挖料的利用，力求挖填平衡，其常被用作坝（堰）体填筑料、截流用料和加工制作成混凝土砂石骨料等。

3. 高边坡加固技术

水利工程高边坡常采用抗滑结构或锚固技术等进行处理。

（1）抗滑结构

一是抗滑桩。抗滑桩能有效且经济地治理滑坡，尤其是滑动面倾角较小时，效果更好。

二是沉井。沉井在滑坡工程中既起到抗滑桩的作用，又起到挡墙的作用。

三是挡墙。混凝土挡墙能有效地从局部解决滑坡体受力不平衡的问题，阻止滑坡体变形和延展。

四是框架、喷护。混凝土框架对滑坡体表层坡体起保护作用，并能增强坡体的整体性，防止地表水渗入和坡体风化。框架护坡具有结构物轻、用料省、施工方便、适用面广、便于排水等优点，并可与其他措施结合使用。另外，耕植草本植被也是治理永久边坡的常用措施。

（2）锚固技术

预应力锚索具有不破坏岩体结构、施工灵活、速度快、干扰小、受力可靠、主动承载等优点，在边坡治理中应用广泛。大吨位岩体预应力锚固吨位已提高到6167kN，张拉设备张拉力提高到6000kN，锚索长度达61.6m，可加固坝体、坝基、岩体边坡、地下洞室围岩等，锚固技术达到了国际先进水平。

（二）混凝土施工

1. 混凝土施工技术

混凝土采用的主要技术情况如下。

混凝土骨料人工生产系统达到国际水平。采用混凝土骨料人工生产系统可以调整骨料粒径和级配。该生产系统配备了先进的破碎轧制设备。

为满足大坝高强度浇筑混凝土的需要，在拌和、运输和仓面作业等环节配备大容量、高效率的机械设备。大型塔机、缆式起重机、胎带机和塔带机，这些施工机械代表了我国混凝土运输的先进水平。

大型工程混凝土温度控制主要采用风冷骨料技术，其具有效果好、实用的优点。

为减少混凝土裂缝，工程中广泛采用补偿收缩混凝土。应用低热膨胀混凝土筑坝技术可节省投资、简化温度控制措施、缩短工期。一些高拱坝的坝体混凝土，可外掺氧化镁进行温度变形补偿。

中型工程广泛采用组合钢模板，而大型工程普遍采用大型悬臂钢模板。

模板尺寸有2m×3m、3m×2.5m、3m×3m等多种规格。滑动模板在大坝溢流面、隧洞、竖井、混凝土井中应用广泛。牵引动力分为液压千斤顶提升、液压提升平台上升、有轨拉模及无轨拉模等多种类型。

2. 泵送混凝土技术

泵送混凝土是指将混凝土从混凝土搅拌运输车或储料斗中卸入混凝土泵的料斗，并利用泵的压力将其沿管道水平或垂直输送到浇筑地点的工艺。它具有输送能力强（水平运输距离达800m，垂直运输距离达300m）、速度快、效率高、节省人力、能连续作业等特点。

（1）对设备的要求

混凝土泵有活塞泵、气压泵、挤压泵等类型，应用较多的是活塞泵，这是一种较先进的混凝土泵。施工时要合理布置泵车的安放位置，一般应尽量靠近浇筑地点，并能满足两台泵车同时就位，以使混凝土泵连续浇筑。泵的输送能力为80m^3/h。

输送管道一般由钢管制成，直径有100mm、125mm和150mm等，具体型号取决于粗骨料的最大粒径。管道敷设时要求路线短、弯道少、接头密。管道清洗一般选择水洗，要求水压不超过规定，而且人员应远离管道，并设置防护装置以免伤人。

（2）对原材料的要求

混凝土应具有可泵性，即在泵压作用下，混凝土能在输送管道中连续稳定地通过而不产生离析，它取决于拌和物本身的和易性。在实际应用中，和易性往往根据坍落度来判断，坍落度越小，和易性就越小，但坍落度太大又会影响混凝土的强度，因此一般认为坍落度为8~20cm较合适，具体值要根据泵送距离、气温来决定。

①水泥

要求选择保水性好、泌水性小的水泥，一般选择硅酸盐水泥或普通硅酸盐水泥。但由于硅酸盐水泥水化热较大，不宜用于大体积混凝土工程，所以施工中一般掺入粉煤灰。掺入粉煤灰不仅对降低大体积混凝土的水化热有利，还能改善混凝土的黏塑性和保水性，利于泵送。

②骨料

骨料的种类、形状、粒径和级配对泵送混凝土的性能会产生很大影响，必须予以严格控制。粗骨料的最大粒径与输送管内径之比宜为1∶3（碎石）或1∶2.5（卵石）。另外，要求骨料颗粒级配尽量理想。细骨料的细度模数为2.3~3.2。粒径在0.315mm以下的细骨料所占的比例不应小于15%，以达到20%为优，这对改善可泵性非常重要。

实践证明，掺入粉煤灰等掺合料会显著提高混凝土的流动性，因此要适量添加。

（3）对操作的要求

泵送混凝土时应注意以下规定。

一是原材料与试验一致。

二是材料供应要连续、稳定，以保证混凝土泵能连续运作，计量自动化。

三是检查输送管接头的橡皮密封圈，以保证密封完好。

四是泵送前，应先用适量的与混凝土成分相同的水泥浆或水泥砂浆润滑输送管内壁。

五是试验人员随时检测出料的坍落度，并及时调整，运输时间应控制在初凝之前（45min内）。预计泵送间歇时间超过45min或混凝土出现离析现象时，应对该部分混凝土做废料处理，并立即用压力水或其他方法冲掉管内残留的混凝土。

六是泵送时，泵体料斗内应有足够的混凝土，以防止吸入空气造成阻塞。

（三）新技术、新材料、新设备的使用

1. 喷涂聚脲弹性体技术

该技术具有以下优点。

无毒性，满足环保要求。

力学性能好，拉伸强度最高可达27MPa，撕裂强度为43.9~105.4kN/m。

抗冲耐磨性能强，其抗冲耐磨性能是C40混凝土的10倍以上。

防渗性能好，在 2MPa 水压作用下，24h 不渗漏。

低温柔性好，在-30℃时对折不产生裂纹。

耐腐蚀性强，即使在水、酸、碱、油等介质中长期浸泡，性能也不会降低。

具有较强的附着力，在混凝土、砂浆、沥青、塑料、铝、木等材料上都能很好地附着。

固化速度快，5s 凝胶，1min 即可达到步行所需的强度。可在任意曲面、斜面及垂直面上喷涂成型，涂层表面平整、光滑，可以对基材形成良好的保护作用，并有一定的装饰作用。

2. 喷涂聚脲弹性体施工材料

喷涂聚脲弹性体施工材料可以选用美国的进口 AB 双组分聚脲、中国水利水电科学研究院生产的 SK 手刮聚脲等。双组分聚脲的封边采用 SK 手刮聚脲。

3. 喷涂聚脲弹性体施工设备

喷涂聚脲弹性体施工设备采用美国卡士马生产的主机和喷枪。这套设备施工效率高，可连续操作，喷涂 $100m^2$仅需 40min。一次喷涂施工厚度在 2mm 左右，克服了以往需多层施工的弊病。

辅助设备有空气压缩机、油水分离器、高压水枪（进口）、打磨机、切割机、电锤、搅拌器、黏结强度测试仪等。

除此之外，针对南水北调重点工程建设，我国还研制开发了多种形式的低扬程大流量水泵、盾构机及其配套系统、大断面渠道衬砌机械、斗轮式挖掘机（用于渠道开挖）、全断面岩石隧道掘进机（TBM），以及人工制砂设备、成品砂石脱水干燥设备、特大型预冷式混凝土拌和楼、双卧轴液压驱动强制式拌和楼、塔式混凝土布料机、大骨料混凝土输送泵成套设备等。

第四节　水利工程施工组织设计

一、施工组织设计的作用、任务和内容

（一）施工组织设计的作用

施工组织设计是水利水电工程设计文件的重要组成部分，是确定枢纽布置、优化工程

设计、编制工程总概算及国家控制工程投资的重要依据，是组织工程建设和施工管理的指导性文件。做好施工组织设计，对正确选定坝址和坝型、枢纽布置及工程设计优化，以及合理组织工程施工、保证工程质量、缩短建设工期、降低工程造价、提高工程效益等都有十分重要的作用。

（二）施工组织设计的任务

施工组织设计的主要任务是根据工程所在地区的自然、经济和社会条件，制定合理的施工组织设计方案，包括合理的施工导流方案、施工工期和进度计划、施工场地组织设施与施工规模，以及合理的生产工艺与结构物形式，合理的投资计划、劳动组织和技术供应计划，为确定工程概算、确定工期、合理组织施工、进行科学管理、保证工程质量、降低工程造价、缩短建设周期等，提供切实可行、可靠的依据。

（三）施工组织设计的内容

1. 施工条件分析

施工条件包括工程条件、自然条件、物质资源供应条件及社会经济条件等，具体有：工程所在地点，对外交通运输情况，枢纽建筑物及其特征；地形、地质、水文、气象条件；主要建筑材料来源和供应条件，当地水电情况；施工期间通航、过木、过鱼、供水、环保等要求；国家对工期、分期投产的要求；施工用电、居民安置，以及与工程施工有关的协作条件等。

总之，施工条件分析需在简要阐明上述条件的基础上，着重分析它们对工程施工可能带来的影响。

2. 施工导流设计

施工导流设计应在综合分析导流的基础上，确定导流标准，划分导流时段，明确施工分期，选择导流方案、导流方式和导流建筑物，进行导流建筑物的设计，提出导流建筑物的施工安排，拟定截流、拦洪、排水、通航、过水、下闸封孔、供水、蓄水、发电等措施。

3. 主体工程施工

主体工程包括挡水、泄水、引水、发电、通航等主要建筑物，应根据各自的施工条件，对施工程序、施工方法、施工强度、施工布置、施工进度和施工机械等，进行比较和选择。必要时，应针对其中的关键技术问题，如特殊基础的处理、大体积混凝土温度控制、土石坝合龙、拦洪等问题，做出专门的设计和论证。

对于有机电设备和金属结构安装任务的工程项目，应对主要机电设备和金属结构，如水轮发电机组、升压输变设备、闸门、启闭设备等的加工、制作、运输、预拼装、吊装，以及土建工程与安装工程的施工顺序等问题，做出相应的设计和论证。

4. 施工交通运输

施工交通运输分对外交通运输和场内交通运输两种。其中，对外交通运输是在弄清现有对外水陆交通和发展规划的情况下，根据工程对外运输总量、运输强度和重大部件的运输要求，确定对外交通运输的方式，选择线路和线路的标准，规划沿线重大设施以及该工程与国家干线的连接，明确相应的工程量。施工期间，若有船、木过坝问题，应做出专门的分析论证，并提出解决方案。

5. 施工工厂设施和大型临建工程

施工工厂设施，如混凝土骨料开采加工系统和土石料加工系统、混凝土拌和系统和制冷系统、机械修配系统、汽车修配厂、钢筋加工厂、预制构件厂、照明系统，以及风、水、电、通信系统等，均应根据施工的任务和要求，分别确定各自的位置、规模、设备容量、生产工艺、工艺设备、平面布置、占地面积、建筑面积和土建安装工程量，并提出土建安装进度和分期投产的计划。大型临建工程，如施工栈桥、过河桥梁、缆机平台等，要做出专门设计，确定其工程量和施工进度的安排。

6. 施工总布置

施工总布置的主要任务是根据施工场区的地形地貌、枢纽和主要建筑物的施工方案、各项临建设施的布置方案，对施工场地进行分期、分区和分标规划，确定分期、分区布置方案和各承包单位的场地范围。对土石方的开挖、堆弃和填筑进行综合平衡，提出各类房屋分区布置一览表，估计施工征地面积，提出占地计划，研究施工还地造田的可能性。

7. 施工总进度

施工总进度的安排必须符合国家对工程投产所提出的要求。为了保证施工进度，必须仔细分析工程规模、导流程序、对外交通、资源供应、临建准备等各项控制因素，拟订整个工程（包括准备工程、主体工程和结束工作在内）的施工总进度计划，确定各项目的起讫日期和相互之间的衔接关系；对于导流截流、拦洪度汛、封孔蓄水、供水发电等控制环节的工程应达到的程度，须做出专门的论证；对于土石方、混凝土等主要工程的施工强度，以及劳动力、主要建筑材料、主要机械设备的需用量，要进行综合平衡；要分析施工工期和工程费用的关系，提出合理工期的推荐意见。

8. **主要技术供应计划**。

根据施工总进度的安排和对定额资料的分析，针对主要建筑材料（如钢材、木材、水泥、粉煤灰、油料、炸药等）和主要施工机械设备，制定总需要量和分年需要量计划。此外，在进行施工组织设计中，必要时还需要进行实验研究和补充勘测，从而为进一步设计和研究提供依据。

在完成上述设计内容时，还应给出以下资料：①施工场外交通图；②施工总布置图；③施工转运站规划布置图；④施工征地规划范围图；⑤施工导流方案综合比较图；⑥施工导流分期布置图；⑦导流建筑物结构布置图；⑧导流建筑物施工方法示意图；⑨施工期通航过木布置图；⑩主要建筑物土石方开挖施工程序及基础处理示意图；⑪主要建筑物混凝土施工程序、施工方法及施工布置示意图；⑫主要建筑物土石方填筑程序、施工方法及施工布置示意图；⑬地下工程开挖、衬砌施工程序、施工方法及施工布置示意图；⑭机电设备、金属结构安装施工示意图；⑮砂石料系统生产工艺布置图；⑯混凝土拌和系统及制冷系统布置图；⑰当地建筑材料开采、加工及运输线路布置图；⑱施工总进度表及施工关键线路图。

二、施工组织设计的编制资料及编制原则、依据

（一）施工组织设计的编制资料

1. **可行性研究报告施工部分需收集的基本资料**

可行性研究报告施工部分需收集的基本资料包括：①可行性研究报告阶段的水工及机电设计成果；②工程建设地点的对外交通现状及近期发展规划；③工程建设地点及附近可能提供的施工场地情况；④工程建设地点的水文、气象资料；⑤施工期（包括初期蓄水期）通航、过木、下游用水等要求；⑥建筑材料的来源和供应条件调查资料；⑦施工区水源、电源情况及供应条件；⑧各部门对工程建设期的要求及意见。

2. **初步设计阶段施工组织设计需补充收集的基本资料**

初步设计阶段施工组织设计需补充收集的基本资料包括：①可行性研究报告及可行性研究阶段收集的基本资料；②初步设计阶段的水工及机电设计成果；③进一步调查落实可行性研究阶段收集的各项资料；④当地的修理、加工能力；⑤当地承包市场的情况，当地可能提供的劳动力情况；⑥当地可能提供的生活必需品的供应情况，居民的生活习惯；⑦工程所在河段的洪水特性、各种频率的流量及洪量、水位与流量的关系、冬季冰凌的情

况（北方河流）、施工区各支沟各种频率的洪水和泥石流情况，以及上下游水利工程对本工程的影响情况；⑧工程地点的地形、地貌、水文地质条件，以及气温、水温、地温、降水、风力、冻层、冰情和雾的特性资料。

3. 技施阶段施工规划需进一步收集的基本资料

技施阶段施工规划需进一步收集的基本资料包括：①初步设计中的施工组织总设计文件及初步设计阶段收集到的基本资料；②技施阶段的水工及机电设计资料与成果；③进一步收集的国内基础资料和市场资料；④补充收集的国外基础资料与市场信息（国际招标工程需要）。

（二）施工组织设计的编制原则

施工组织设计编制应遵循以下原则。

一是执行国家有关方针、政策，严格执行国家基建程序，遵守有关技术标准、规程、规范，并符合国内招标投标的规定和国际招标投标的惯例。

二是面向社会，深入调查，收集市场信息。根据工程特点，因地制宜地提出施工方案，并进行全面的技术、经济比较。

三是结合国情积极开发和推广新技术、新材料、新工艺和新设备。凡经实践证明技术经济效益显著的科研成果，应尽量采用，努力提高技术水平和经济效益。

四是统筹安排，综合平衡，妥善协调各分部分项工程，均衡进行施工。

（三）施工组织设计的编制依据

施工组织设计的编制依据有以下五个方面。

一是上阶段施工组织设计成果及上级单位或业主的审批意见。

二是本阶段水工、机电等专业的设计成果，有关工艺试验或生产性试验的成果及各专业对施工的要求。

三是工程所在地区的施工条件（包括自然条件、水电供应、交通、环保、旅游、防洪、灌溉、航运及规划等）和本阶段的最新调查成果。

四是国内外可能达到的施工水平、具备的施工设备及材料供应情况。

五是上级机关、国民经济各有关部门、地方政府及业主单位对工程施工的要求、指令、协议、有关法律和规定。

第二章 水利工程的施工项目管理

第一节 工程项目进度管理与控制

一、项目进度管理方法

（一）项目进度管理的几个相关概念

1. 制订项目任务

每一个项目都由许多任务组成。用户在进行项目时间管理前，必须首先定义项目任务，合理地安排各项任务对一个项目来说是至关重要的。定义企业项目任务及设置企业项目中各项任务信息，包括设置任务工作的结构、限制条件范围信息、任务分解、模板、任务清单和详细依据等，创建一个任务列表是合理安排各项任务不可缺少的。

2. 估计任务历时

任务通常按尽可能早的时间进行排定，在项目开始后，只要后面列出的因素允许它将尽可能早地开始，如果是按一个固定的结束早期排定，则任务将尽可能晚地排定即尽可能地靠近固定结束日期，系统默认的排定方法是按尽可能早的时间。

3. 任务里程碑

里程碑是一种用于识别日程安排中重要文件的任务，用户在进行任务管理时，可以通过将某些关键性任务设置成里程碑，来标记被管理项目取得的关键性进展。

（二）进度计划的表示方法

1. 横道图进度计划

横道图进度计划法是传统的进度计划方法。横道图计划表中的进度线（横线）与时间坐标相对应，这种表达方式较直观，易看懂计划编制的意图。

它的纵坐标根据项目实施过程中的先后顺序自上而下排列任务的名称以及编号，为了方便计划的核查使用，同时在纵坐标上可同时注明各个任务的工作计划量等。图中的横道线各个任务的工作开展情况，持续时间，以及开始与结束的日期等，一目了然。它是一种图和表的结合形式，在工程中被广泛使用。

2. 网络计划技术

网络图是指由箭线和节点组成的，用来表示工作流程的有向、有序网络图形。这种利用网络图的形式来表达各项工作的相互制约和相互依赖关系，并标注时间参数，用以编制计划，控制进度，优化管理的方法统称为网络计划技术。

我推荐的常用的工程网络计划类型如下。

①双代号网络计划

双代号网络计划以箭线及其两端节点的编号表示工作的网络图。工作之间的逻辑关系包括工艺关系和组织关系。关键线路法是计划中工作与工作之间逻朗关系肯定，旦每项工作估计一定的持续的时间的网络计划技术。以下重点解释时间参数的计算及表达方式。

②双代号时标网络计划

双代号时标网络计划以时间坐标为尺度编制的双代号网络计划。

③单代号网络图

单代号网络图以节点及其编号表示工作，以箭线表示工作之间逻辑关系的网络图。工作之间的逻辑关系和双代号网络图一样，都应正确反映工艺关系和组织关系。

④单代号搭接网络计划

单代号搭接网络计划指前后工作之间有多种逻辑关系的肯定型（工作持续时间确定）单代号网络计划。

总的来说，网络计划技术是较为理想的进度计划和控制方法，与横道图比较之下，有以下优点。

一是网络计划技术把计划中各个工作的逻辑关系表达得相当清楚，这实质上表示项目工程活动的全流程，网络图就相当于一个工作流程图。

二是通过网络分析，它能够给本项目组织者提供丰富的信息或时间参数等。

三是能十分清晰地判断关键工作，这一点对于工程计划的调整和实施中的控制来说非常重要。

四是能很方便地进行工期、成本和资源的最优化调整。

五是网络计划方法具有普遍的适用性，特别是对复杂的大型工程项目更能显现出它的优越性。对于复杂点的网络计划，网络图的绘制、分析、优化和使用都可以借助于计算机软件来完成。

在施工中，一般这两种方式均采用。在编制施工组织设计时，多采用网络图编制整个工程的施工进度计划；在施工现场，多采用横道图编制分部分项工程施工进度计划。

二、项目进度控制方法

（一）项目进度控制的基本作用和原理

1. 进度控制的基本作用

一是能够有效地缩短工程项目建设周期。

二是落实承建单位的各项施工规划，保障施工项目的成本，进度及质量目标的顺利完成。

三是为防止或提出项目施工索赔提供依据。

四是能减少不同部门和单位之间的相互干扰。

工程项目进度控制的主要任务主要包括两个方面：一方面，业主方进度控制的主要任务是，控制整个项目实施阶段的进度，以及项目动用之前准备阶段工作的进度；另一方面，施工方进度控制的任务是，依据施工任务承包合同对施工进度的要求进行控制施工进度。

2. 项目进度控制的基本原理

进工程项目进度控制的一般原理有以下几点。

（1）系统控制原理

项目施工进度计划系统包括施工项目总进度计划、单位工程的施工度计划、分部分项工程进度计划、月施工作业计划。这些项目施工进度计划由粗到细，编制是应当从总体计划到局部计划，逐层按目标计划进行控制，用以保证计划目标的实现。

项目施工进度实施系统包括施工项目经理部和有关生产要素管理职能部门，这些部门都要按照施工进度规定的施工要求进行严格地管理，落实完成各自的任务，从而形成严密的施工进度实施系统，用以保证施工进度按计划实现。

（2）动态控制原理

项目施工进度控制是一个不断进行的动态控制，也是一个循环进行的过程，实际进度与计划进度两者经常会出现超前或延后的偏差，因此，要分析偏差的原因并采取措施加以调整，施工进度计划控制就是采用动态循环的控制原理进行的。

（3）信息反馈原理

信息反馈是项目施工进度控制的依据，要做好项目施工进度控制的协调工作就必须加强施工进度的信息反馈，当项目施工进度出现偏差时，相应的信息就应当反馈到项目进度控制的主体。然后由该主体进行比较分析并做出纠正偏差的反应，使项目施工进度仍朝着计划的目标进行并达到预期效果。这样就使项目施工进度计划执行、检查和调控过程成为信息反馈控制的实施过程

（4）弹性控制原理

项目施工进度控制涉及因素较多、变化较大且持续时间长，因此不可能十分精确地预测未来或做出绝对准确的项目施工进度安排，也不能期望项目施工进度会完全按照规划日程而实现。因此在确定项目施工进度目标时必须留有余地，而使进度目标具有弹性，使项目施工进度控制具有较强的应受能力。

（5）循环控制原理

项目施工进度控制包括项目施工进度计划的实施、检查、比较分析和调整四个过程，这实质上构成一个循环控制系统。

（二）进度控制的主要影响因素和方法及措施

1. 影响进度控制的主要因素

（1）施工条件变化的因素

在施工的过程中，会出现一些并非施工人员能够控制的人为或非人为地因素，如天气等。

（2）有关单位的影响

在施工过程可能会与一些单位的工作出现相矛盾的冲突，这将影响项目施工按计划完成。

（3）不可预见的因素

有句话说得好，计划不如变化，所以在施工的实际过程中会出现一些在计划中未预见的现象，从而影响项目计划目标的按时完成。

2. 进度控制的主要控制方法

工程项目进度控制的主要工作环节如下：首先，确定（确认）总进度目标和各进度控制子目标，并编制进度计划；其次，在工程项目实施的全过程中，分阶段进行实际进度与

计划进度的比较，出现偏差则及时采取措施予以调整，并编制新计划；最后，协调工程项目各参加单位、部门和工作队之间的工作节奏与进度关系。简单说，进度控制就是规划（计划）、检查与调整、协调这样一个循环的过程，直到项目活动全部结束。

3. 工程项目进度的控制措施

工程项目进度控制采取的主要措施有组织措施、管理措施、经济措施、技术措施等。

（1）组织措施

组织是目标能否实现的决定性因素，为实现项目的进度目标，应充分重视项目管理的组织体系。

①落实工程项目中各层次进度目标的管理部门及责任人。

②进度控制主要工作任务和相应的管理职能应在项目管理组织设计分工表和管理职能分工表中标示并落实。

③应编制项目进度控制的工作流程，如确定项目进度计划系统的组成；各类进度计划的编制程序、审批程序、计划调整程序等。

④进度控制工作往往包括大量的组织和协调工作，而会议是组织和协调的重要手段，应进行有关进度控制会议的组织设计，以明确会议的类型；各类会议的主持人及参加单位和人员；各类会议的召开时间（时机）；各类会议文件的整理、分发和确认等。

（2）管理措施

建设工程项目进度控制的管理措施涉及管理的思想、管理的方法、管理的手段、承发包模式，合同管理和风险管理等。在理顺组织的前提下，科学和严谨的管理显得十分重要。

①在管理观念方面下述问题比较突出。一是缺乏进度计划系统的观念，分别编制各种独立而互不联系的计划，形成不了系统；二是缺乏动态控制的观念，只重视计划的编制，而不重视计划执行中的及时调整；三是缺乏进度计划多方案比较和择优的观念，合理的进度计划应体现资源的合理使用，空间（工作面）的合理安排，有利于提高建设工程质量，有利于文明施工和缩短建设周期。

②工程网络计划的方法有利于实现进度控制的科学化。用工程网络计划的方法编制进度计划应仔细严谨地分析和考虑工作之间的逻辑关系，通过工程网络的计划可发现关键工作和关键线路，也可以知道非关键工作及时差。

③承发包模式的选择直接关系到工程实施的组织和协调。应选择合理的合同结构，以避免合同界面过多而对工程的进展产生负面影响。工程物资的采购模式对进度也有直接影响，对此应做分析比较。

④应该分析影响工程进度的风险，并在此基础上制订风险措施，以减少进度失控的风险量。

⑤重视信息技术（包括各种应用软件、互联网以及数据处理设备等）在进度控制中的应用。信息技术应用是一种先进的管理手段，有利于提高进度信息处理的速度和准确性，有利于增加进度信息的透明度，有利于促进相互间的信息统一与协调工作。

（3）经济措施

建设工程项目进度控制的经济措施涉及资金需求计划、资金供应的条件及经济激励措施等。

①应编制与进度计划相适应的各种资源（劳力、材料、机械设备和资金等）需求计划，以反映工程实施的各时段所需的资源。进度计划确定在先，资源需求量计划编制在后，其中，资金需求量计划非常重要，它同时也是工程融资的重要依据。

②资金供应条件包括可能的资金总供应量、资金来源以及资金供应的时间。

③在工程预算中应考虑加快工程进度所需要的资金，其中包括为实现进度目标将要采取的经济激励措施所需要的费用。

（4）技术措施

建设工程项目进度控制的技术措施涉及对实现进度目标有利的设计技术和施工方案。

①不同的设计理念、设计技术路线、设计方案会对工程进度产生不同的影响。在设计工作的前期，特别是在设计方案评审和择优选用时，应对设计技术与工程进度尤其是施工进度的关系作分析比较。在工程进度受阻时，应分析是否存在设计技术的影响因素，以及为实现进度目标有无设计变更的可能性。

②施工方案对工程进度有直接的影响。在选择施工方案时，不仅应分析技术的先进与合理，还应考虑其对进度的影响。在工程进度受阻时，应分析是否存在施工技术的影响因素，以及为实现进度目标有无变更施工技术、施工流向、施工机械和施工顺序的可能性。

（三）项目进度管理的基础工作

为了保障工程项目进度的有序进行，进度管理的基础工作必须全部做好到位。

一是资源配备，施工进度的实施的成功取决于人力资源的合理配置，动力资源的合理配置，设备和半成品供应，施工机械配备，环境条件要求，施工方法的及时跟踪等应当与施工计划同时进行，同时审核，这样才能使施工进度计划的有序进行，是项目按时完成的保障。

二是技术信息系统，信息收集和管理工作，利用现在科技的发展，实时关注工程进度，并将其搜集整理，系统地分析与整个工程施工的关系，及时调整实施细节，高效快速地完成工作。

三是统计工作，工程在实施的过程中，有些工作做的不止一次，需要的材料不止一套，因此需要施工人员及时做好相应的统计工作，比如已施工多少个、已用多少材料，剩余工作量及材料，以便个别材料有质量问题，补充新的质量过关的材料。

四是应对常见问题的准备措施，根据以往相似工程的施工过程，预测在施工时是否会发生以往的问题。根据这些信息，准备相应的方案、资源设施。

三、工程项目进度的调整

（一）调整的方法

项目实施过程中工期经常发生工期延误，发生工期延误后，通常应采取积极的措施赶工，以弥补或部分地弥补已经产生的延误。主要通过调整后期计划，采取措施赶工，修改（调整）原网络进度计划等方法解决进度延误问题。发现工期延误后，任其发展，或不及时采取措施赶工，拖延的影响会越来越大，最终必然会损害工期目标和经济效益。有时刚开始仅一周多的工期延误，如任其发展或采取的是无效的措施，到最后可能会导致拖期一年的结果，所以进度调整应及时有效。调整后编制的进度计划应及时下达执行。

1. 利用网络计划的关键线路进行调整

①关键工作持续时间的缩短，可以减小关键线路的长度，即可以缩短工期，要有目的去压缩那些能缩短工期的工作的持续时间，解决此类问题最接近于实际需要的方法是“选择法”。此方法综合考虑压缩关键工作的持续时间对质量的影响、对资源的需求增加等多种因素，对关键工作进行排序，优先缩短排序靠前，即综合影响小的工作的持续时间，具体方法见相关教材网络计划“工期优化”。

②一切生产经营活动简单说都是“唯利是图”，压缩工期通常都会引起直接费用支出的增加，在保证工期目标的前提下，如何使相应追加费用的数额最小呢？关键线路上的关键工作有若干个，在压缩它们持续时间上，显然有一个次序排列的问题需要解决，其原理与方法见相关教材网络计划“工期——成本优化”。

2. 利用网络计划的时差进行调整

①任何进度计划的实施都受到资源的限制，计划工期的任一时段，如果资源需要量超过资源最大供应量，那这样的计划是没有任何意义的，它不具有实践的可能性，不能被执

行。受资源供给限制的网络计划调整是利用非关键工作的时差来进行，具体方法见相关教材网络计划“资源最大——工期优化”。

②项目均衡实施，是指在进度开展过程中所完成的工作量和所消耗的资源量尽可能保持的比较均衡。反映在支持性计划中，是工作量进度动态曲线、劳动力需要量动态曲线和各种材料需要量动态曲线尽可能不出现短时期的高峰和低谷。工程的均衡实施优点很多，可以节约实施中的临时设施等费用支出，经济效果显著。使资源均衡的网络计划调整方法是利用非关键工作的时差来进行，具体方法见相关教材网络计划“资源均衡——工期优化”。

（二）调整的内容

进度计划的调整，以进度计划执行中的跟踪检查结果进行，调整的内容包括：工作内容、工作量、工作起止时间、工作持续时间、工作逻辑关系以及资源供应。

可以只调整六项其中之一项，也可以同时调整多项，还可以将几项结合起来调整，以求综合效益最佳。只要能达到预期目标，调整越少越好。

1. 关键路线长度的调整

①当关键线路的实际进度比计划进度提前时，首先要确定是否对原计划工期予以缩短。如果不拟缩短，可以利用这个机会降低资源强度或费用，方法是选择后续关键工作中资源占用量大的或直接费用高的予以适当延长，延长的长度不应超过已完成的关键工作提前的时间量，以保证关键线路总长度不变。

②当关键线路的实际进度比计划进度落后（拖延工期）时，计划调整的任务是采取措施赶工，把失去的时间抢回来。

2. 非关键工作时差的调整

时差调整的目的是充分或均衡地利用资源，降低成本，满足项目实施需要，时差调整幅度不得大于计划总时差值。

需要注意非关键工作的自由时差，它只是工作总时差的一部分，是不影响工作最早可能开始时间的机动时间。在项目实施工程中，如果发现正在开展的工作存在自由时差，一定要考虑是否需要立即利用，如把相应的人力、物力调整支援关键工作或调整到别的工程区号上去等，因为自由时差不用“过期作废”。关键是进度管理人员要有这个意识。

3. 增减工作项目

增减工作项目均不应打乱原网络计划总的逻辑关系。由于增减工作项目，只能改变局部的逻辑关系，此局部改变不影响总的逻辑关系。增加工作项目，只是对原遗漏或不具体的逻辑关系进行补充；减少工作项目，只是对提前完成了的工作项目或原不应设置而设置了的工作项目予以删除。只有这样才是真正调整而不是“重编”。增减工作项目之后应重新计算时间参数，以分析此调整是否对原网络计划工期产生影响，如有影响应采取措施消除。

4. **逻辑关系调整**

工作之间逻辑关系改变的原因必须是施工方法或组织方法改变。但一般来说，只能调整组织关系，而工艺关系不宜调整，以免打乱原计划。

5. **持续时间的调整**

在这里，工作持续时间调整的原因是指原计划有误或实施条件不充分。调整的方法是重新估算。

6. **资源调整**

资源调整应在资源供应发生异常时进行。所谓异常，即因供应无法满足需要，导致工程实施强度（单位时间完成的工程量）降低或者实施中断，影响了计划工期的实现。

第二节　工程项目施工成本管理

一、水利工程项目施工成本概述

水利工程项目施工成本是指在水利工程项目施工过程中产生的直接成本费用和间接成本费用的总和。

直接成本指施工企业在施工过程中直接消耗的活劳动和物化劳动，由基本直接费和其他直接费组成。其中，基本直接费包括人工费、材料费、机械费；其他直接费包括夜间施工增加费、冬雨季施工增加费、特殊地区施工增加费、施工工具用具使用费、检验试验费、安全生产措施费、临时设施费、工程项目及设备仪表移交生产前的维护费、工程验收检测费。

间接成本指施工企业为水利工程施工而进行组织与经营管理所发生的各项费用，由规费和企业管理费组成。其中，规费包括社会保险费和住房公积金；企业管理费包括差旅办公费、交通费、职工福利费、劳动保护费、工会经费、职工教育经费、管理人员工资、固定资产使用费、保险费、财务费、工具用具使用费等。

水利工程项目成本在成本发生和形成过程中，必然会产生人力资源、物资资源和费用开支，针对产生成本的各项费用应采取一系列行之有效的措施，深入成本控制的各个环节，对各个环节进行有效合理地控制，使各项费用控制在成本目标之内。

（一）水利工程项目施工成本的划分

根据水利工程的特点和成本管理的要求，水利工程项目施工成本可按不同标准的应用范围进行划分。

水利工程项目施工成本按成本计价的定额标准划分为预算成本、计划成本和实际成本。

水利工程项目施工成本按计算项目成本对象划分为单项工程成本、单位工程成本、分部工程成本和单元工程成本。

水利工程项目施工成本按工程完成程度的不同划分为本期施工成本、已完施工成本、未完工程成本和竣工施工工程成本。

水利工程项目施工成本按生产费用与工程量关系划分为固定成本和变动成本。

水利工程项目施工成本按成本的经济性质划分为直接成本和间接成本。

（二）水利工程项目施工成本的特征

水利工程项目同其他项目如建筑工程项目、市政工程项目等具备了相同的特点，但其成本有着区别于其他项目的显著特征。

1. 特殊性

由于水利工程建设项目的周期长，建设阶段多，投资规模大，包含的建筑群体种类繁多，技术条件复杂，尤其会受到自然环境以及气候条件的影响，使得每个水利工程项目的每个建设阶段成本也有所差别，从而导致了在项目实施过程中针对不同的建设阶段，无法形成具有水利行业标准的、高效的成本管理体系和施工成本管理手段。

2. 施工工期长、分布区域广

水利工程项目建设涉及的专业和部门多，包括房建、交通、市政、电力等，工作环节错综复杂。水利工程项目实体体形大，工程量大，资源消耗大，有些分布在农村、山区、河流，其配套的基础设施不够完善，加上施工周期长等各种因素的影响，使得项目实施起来难免成本会形成动态的变化，因此项目施工成本控制工作变得更加复杂。

3. 施工的流动性

水利工程施工生产过程中人员、工具和设备的流动性比较大。主要表现有以下几个方面：同一工地不同工序之间的流动；同一工序不同工程部位之间的流动；同一工程部位不同时间段之间流动；施工企业向新建项目迁移的流动。这几方面的情况都可能会造成施工成本的增加，给企业管理层的管理带来很大的挑战。

4. 施工成本项目多变

水利工程中水工建筑物较多，一般规模大，技术复杂，工种多，工期较长，施工常受水的推力、浮力、渗透力、冲刷力等的作用限制。因此施工阶段的组织管理工作十分重要，应对施工中遇到的具体情况要具体分析，运用科学、合理的方法选择切实可行的施工方案，同时对施工方案所涉及的材料、机械、人工等问题制定严格的管理措施。还要求项目管理层对项目的施工组织设计进行优化、提高员工素质和采用科学的管理等措施，进而将降低成本和科学的管理有机结合起来，形成一个完整的、系统的工程成本管理控制体系。

二、施工项目成本管理的措施

施工项目成本控制的措施包括组织措施、技术措施、经济措施、合同措施。通过这几方面的措施来进行施工成本控制，使之达到降低成本的目标。

（一）组织措施

组织措施是为落实成本管理责任和成本管理目标而对企业管理层的组织方面采取的措施。项目经理应负责组织项目部的成本管理工作，组织各生产要素，使各生产要素发挥最大效益。严格管理下属各部门、各班组，围绕增收节支对项目成本进行严格的控制；工程技术部在项目施工中应做好施工技术指导工作，尽可能采取先进技术，避免出现施工成本增加的现象；做好施工过程中的质量、安全监督工作，避免质量事故及安全事故的发生，减少经济损失。经营部按照工程预算及工程合同进行施工前的交底，避免盲目施工造成浪费；对分包工程合同应认真核实，落实执行情况，避免因合同漏洞造成经济损失；对现场签证严格把关，做到现场签证现场及时办理；及时落实工程进度款的计量及支付。材料部应根据市场行情合理选择材料供应商，做好进场材料、设备的验收工作，并实行材料定额储备和限额领料制度。财务部应及时分析项目在实施过程中的财务收支情况，合理调度资金。

（二）技术措施

一是根据项目的分部工程或专项工程的施工要求和施工外部环境条件进行技术经济分析，选择合适的项目施工方案。

二是在施工过程中采用先进的施工技术、新材料、新开发机械设备等降低施工成本的措施。

三是根据合同工期或业主单位的要求合理优化施工组织设计。

四是制定冬雨季施工技术措施，组织施工人员认真落实该措施的相关规定。

（三）经济措施

一是人工费成本控制。加强项目管理，选择劳务水平高的队伍，合理界定劳务队伍定额用工，使定额控制在造价信息范围内，同时制定科学、合理的施工组织设计和施工方案，合理安排人员，提高作业效率。

二是材料费成本控制。对材料的采购应进行严格的控制，要确保价格、质量、数量达到降低成本的要求，还要加强对材料消耗的控制，确保消耗量在定额总需要量内。

三是机械费成本控制。根据施工情况和市场行情确定最合适的施工机械，建立机械设备的使用方案，完善保养和检修制度。

（四）合同措施

首先，要选择适合工程技术要求和施工方案的合同结构模式；其次，对于存在风险的工程应仔细考虑影响成本的因素，提出降低风险的改进方案，并反映在合同的具体条款中，还要明确合同款的支付方式和其他特殊条款；最后，要密切注视合同执行的情况，寻求合同索赔的机会。

三、水利工程项目施工成本管理流程

项目部按照施工项目成本管理流程对工程项目进行施工成本管理。首先，项目投标成本估算与审核应在充分理解招标文件的基础上，进行拟建工程的现场考察后进行。其次，项目部成立后，应立即确定项目经理的责任成本目标，并由公司和项目部签署项目成本目标责任书。在施工进场之前，项目经理主持并组织有关部门对施工图进行充分的估算和预算。组织编制项目施工成本计划和施工组织设计，确定目标成本总控指标。根据施工成本计划的成本目标值对施工全过程进行有效控制。对产生的成本数据进行收集整理、计算、核算。同时开展成本计划分析活动，促进项目的生产经营管理。同时，项目部建立考核组织，对项目部各岗位进行成本管理考核。最后，项目竣工时，各成本管理的有关部门核算项目的实际成本和开展竣工项目成本总结，并及时将书面材料上报。

四、水利工程项目施工成本控制管理主要环节

（一）施工项目成本预测

通过成本信息和施工项目的具体情况，并运用一定的专门方法，对未来的成本水平及其可能发展趋势作出科学的估计，其实质就是工程项目在施工以前对成本进行核算。通过成本预测，可以使项目经理在满足业主和企业要求的前提下，选择成本低、效益好的最佳成本方案，并能够在施工项目成本形成过程中，针对薄弱环节，加强成本控制，克服盲目性，提高预见性。

（二）施工项目成本计划

施工项目成本计划是项目经理部对项目施工成本进行计划管理的工具。它是以货币形式编制施工项目在计划期内的生产费用、成本水平、成本降低率以及为降低成本所采取的主要措施和规划的书面方案。一般来说，一个施工项目成本计划应包括从开工到竣工所必需的施工成本，它是施工项目降低成本的指导文件，是设立目标成本的依据。

（三）施工项目成本控制

施工项目成本控制是指在施工过程中，对影响施工项目成本的各种因素加强管理，并采取各种有效措施，将施工中实际发生的各种消耗和支出严格控制在成本计划范围内，随时揭示并及时反馈，严格审查各项费用是否符合标准、计算实际成本和计划成本之间的差异并进行分析，消除施工中的损失浪费现象，发现和总结先进经验。通过成本控制，使之最终实现甚至超过预期的成本目标。

施工项目成本控制应贯穿在施工项目从招投标阶段开始直到项目竣工验收的全过程，它是企业全面成本管理的重要环节。因此，必须明确各级管理组织和各级人员的责任和权限，这是成本控制的基础之一，必须给以足够的重视。

（四）施工项目成本核算

施工项目成本核算包括两个基本环节：一是按照规定的成本开支范围对施工费用进行归集，计算出施工费用的实际发生额；二是根据成本核算对象，采用适当的方法，计算出该施工项目的总成本和单位成本。施工项目成本核算所提供的各种成本信息，是成本预

测、成本计划、成本控制、成本分析和成本考核等各个环节的依据。因此，加强施工项目成本核算工作，对降低施工项目成本、提高企业的经济效益有积极的作用。

（五）施工项目成本分析

施工项目成本分析是在成本形成过程中，对施工项目成本进行的对比评价和剖析总结工作，它贯穿于施工项目成本管理的全过程，主要利用施工项目的实际成本核算资料成本信息，与目标成本计划成本、预算成本以及类似的施工项目的实际成本等进行比较，了解成本的变动情况，同时也要分析主要技术经济指标对成本的影响，系统地研究成本变动的因素，检查成本计划的合理性，并通过成本分析，深入揭示成本变动的规律，寻找降低施工项目成本的途径，以便有效地进行成本控制，减少施工中的浪费。

（六）施工项目成本考核

施工项目完成后，对施工项目成本形成的各责任者，按施工项目成本目标责任制的有关规定，将成本的实际指标与计划、定额、预算进行对比和考核，评定施工项目成本计划的完成情况和各责任者的业绩，做到有奖有惩，赏罚分明，有效调动企业的每一个职工在各自的施工岗位上努力完成目标成本的积极性，为降低施工项目成本和增加企业的积累，做出自己的贡献。

施工项目成本管理系统中每一个环节都是相互联系和相互作用的。成本预测是成本决策的前提，成本计划是成本决策所确定目标的具体化。成本控制则是对成本计划的实施进行监督，保证决策的成本目标实现，而成本核算又是成本计划是否实现的最后检验，它所提供的成本信息又对下一个施工项目成本预测和决策提供基础资料。成本考核是实现成本目标责任制的保证和实现决策的目标的重要手段。

第三节　水利工程安全管理

一、认知水利项目施工中的危险源

（一）危险源与危险源的识别内涵

由我们国家出台的相关议案及国际劳工大会提出的预防重大事故公约，我们可以得出，危险源是指短期或者长期生产、运输、储存或者加工危险物质，并且其数量大于或者等于临界量的单元。这里的单元一般指整体的生产装备、器材或者生产厂房；另外，有些物质可以引起中毒、产生爆炸、引发火灾等隐患，由一类或者多类的混合体组成，这种物质便是所谓的危险物质；它们是一种或者说一类危险物质的数量级且由我国出台标准所定义即所谓的临界量。水利项目施工中存在危险源一般可以分为三个方面。

1. 危险的潜在性

危险源一般可以放出强大的能量亦或有毒有害的物质，在事故发生后均会带来或多或少的损失以及形成不同的危险程度，这便是危险的潜在性。释放能量的大小或有毒有害物质的多少均可以用来衡量危险的潜在性，放出的能量愈巨大，危险的潜在性也就愈高。由于这一因素的存在，便决定了危险源产生隐患事故的危险程度。

2. 危险源存在的具体条件

危险源是以多种多样的形式存在的，如危险源的物理状态和化学组成，根据温度的不同可以以固态、液态和气态的形式存在，还有燃点的不同，爆炸极限参差不齐等；由数量的多少，储存环境的良优以及堆放形式的不同均可以形成危险源；施工单位管理责任是否落实到人，对危险品的控制、运输、组织、是否协调到位也会形成危险源；另外还有对危险物品的防护措施是否到位，是否安放相应的表示牌以及是否有安全装置等亦可构成危险源的存在条件。

3. 危险源的触发

一般主要由以下几个方面触发危险源。自然环境的不可抗拒影响：施工地点的水文地质环境以及自然气候的不同均可以使危险源爆发，如闪电、雷暴、强降雨导致的滑坡泥石流，随之而来的温度对养护的影响等，均会成为触发危险源的契机，因此我们在施工过程中应及时发现环境的不利因素，采取行之有效的措施进而避免事故的发生。

事在人为：未经过培训而存在操作违规、不当，工作人员是否积极进取以及生理对人心态的影响等。

管理缺陷：如技术知识的选用是否得当，施工过程中各单位的协调是否存在问题，设计是否存在偏差，决策有误与否等。

若要行之有效的对危险源进行控制，对危险源进行辨识是必不可少的，因为通过对危险源进行辨识我们才能了解什么因素能对其产生影响，我们才能有的放矢。

我们必须多方面地了解以下知识。

深入了解国家出台的各类规范、标准，采纳前辈们优秀的系统设计经验、维护方法以及运行方案等。

针对系统广泛收集危险源可能造成危害的知识并加以利用。在水电项目施工中要充分了解危险源存在的种类，它们的数量以及事故引发的临界点进而形成可能产生损失的程度，然后再融合施工的技术工艺，制定行之有效的方案进行实施，对设备进行合理操作从而为防止安全隐患的发生奠定基础。

进行施工的对象系统：如以水利项目的整体施工环境为系统，了解其构成、系统中能量的传递、物质的运输和信息的流动以及该系统是否处于一个良好的运行状态等。

此外，还应尽可能多的了解水电项目危险源辨识知识。

国家出台的法律法规和规范：例如严格的国家设计标准，地方出台的施工规范，水利水电工程项目设计规范、作业流程规范等。

水电项目施工资料：如施工前技术人员设计的施工初期的图纸、施工地区的水文地质检测汇报表、整体施工图纸、子项目设计图纸、改善的结果报告、危险隐患整改方案等等。

前车之鉴：收集以往与目标水电项目类似的项目事故资料并进行整理总结。

（二）施工过程中常见危险源的类型及危险源的界定

为了制订有效措施对危险源进行掌控，我们可以由已掌握的技术及知识对危险源进行分类规划。危险源的类型有许多，且储存条件和存在的条件各不相同，由于危险源的这种特性，标准相异导致的分类结果也会千差万别。

1. 引发事故的直接因素

（1）以物理状态存在的危险源

其中有选址在地质活动频繁或者节理裂隙存在较多的地区，未设置警告标志，设备看管不利，养护或者施工中的可以导致人员伤亡的异于常温的物体等。

（2）以化学状态存在的危险源

这里的化学危险源主要为以因地质开采为主的容易燃烧且发生爆炸的气体，如天然气、煤气等和以施工需要为主储备的易发生中毒或腐蚀的物质如易腐蚀性化学原材料和化工原料等。

（3）生理、心理性危险源

这里包括由于工作压力繁重而产生的负面情绪以及由于施工人员心理健康状况而产生的不良影响等。

（4）以生物形式存在的危险源

如蚊子、跳骚、牲畜所携带的致病微生物（各类致病细菌、病毒等），或者存在极大危险性的动物和植物等。

（5）行为性危险源

如对施工器材的操作违规或者看管不到位亦或是主管人员存在的重大决策失误等从主观上出现的偏差。

2. 以隐患转化为损失时危险源所起到的作用划分

以隐患转化为损失时危险源所起到的作用划分的过程，同时也是不可控能量无意发射到外界理论的深层次演绎。此时危险源又被叫作固有危险源与失效危险源。

（1）第一类危险源

第一类危险源是工程项目施工中必定存在的不同物体与具有能量的集合体，是万物正常运行的助推力，它的存在是不能被忽视的，就像机械能、热能抑或具有放射性的物质和能释放能量的爆炸物等。由此我们可以将第一类危险源看作施加于人体的过载能量或者它们能够阻碍人体与其外进行能量的互相转化的物体。在水电项目施工作业中如起重机，塔吊、传送带等机械设备，另外还有作为容器存放危险物品的设施或者厂房。因此第一类危险源又叫作固有危险源，无论器械还是厂房，它们贮藏的能量愈多，则将隐患转化为事故的可能性就愈大，第一类危险源直接影响着隐患变为事故损失的概率以及后果的危险程度，它们作为能量的集合体若看管不当将造成施工企业的财产损失甚至工作人员的生命财产损失，是隐患转换为损失的条件。

（2）第二类危险源

第二类危险源是在第一类危险源的基础之上产生的，在操作过程中，为了确保第一类危险源能够安全渡过危险期并有效运转，一般是采取必要的约束措施制约能量的级数已达到限制能量的目的，但是这种约束措施很可能会因为各种原因而没有产生效力，最后导致安全事故的发生，我们把各种导致不能约束能量而使破坏产生的原因称为不安全因素，而这种因素统称为第二类危险源，又称为失效危险源。第二类危险源（失效危险源）是产生安全事故的必要条件。

施工环境中不良的作业条件、器械的失灵以及人为的操作不当均可称为第二类危险源。物的故障是指本身的不安全设计、机械自身故障和安全防护设施的设置存在问题等等；对施工机械使用不当，形成安全隐患的均属于人为效应；而水电施工现场厂房储存有毒有害物或易挥发刺激性物质，又或者施工地区经常出现刮风下雨等自然灾害而导致施工人员的工作无法正常进行的，都属于不良环境。

我们可以通过所做表格如表 2-1，来对水电施工系统中的“选购材料、施工方法、工作人员、机械设备、以及施工环节”做一个危险源解析从而对危险源进行有效认知。可以看出第一类与第二类危险源的危险程度与施工人员的人身素质和上层领导的管理水平成反比的，即它们的素质与管理水平愈高，危险源的危险程度则愈低，是可以变化的。将水电施工的大系统作为分析点，以表 2-1 为积淀可以更深层次的将危险源划分为以下两大块。

①水电施工系统性危险源（施工开始前）：例如水电企业内部是否有一个成熟的对项目进行管理和协调运作的体制。水电项目的选址是否妥当，是否处于平坦或者节理裂隙较少可以用现有技术进行加工处理以弥补不足，从而满足开工的要求。

②水电项目运作建设危险源（施工进行时）：如“选购材料、施工方法、工作人员、机械设备、以及施工环节”，都属于水电项目建设运作阶段的目标，据此可以对危险源做一个初步总结以达到认知、辨别的目的。

表 2-1　水电项目系统中危险源类别表

模式	第一类危险源		第二类危险源		状态说明
	人为偏差	物质危险状态	人为偏差	物质危险状态	
劳动者（管理者）	使用偏差	—	责任落实程度差	—	
器械、装置	—	装备性能不足或存在瑕疵	—	装备性能不足或存在瑕疵所导致的不可控	
应用的科学技术与管制方案	—	危险程度较高	—	危险程度较高	
	使用熟练度不高，做工差	未能妥善处置危险性物品	掌控不到位	未能妥善处置危险性物品	
选址周边	人员拥堵	天气多变	协调不足	人为开采导致地质恶化	

（三）施工时不和谐因子危险程度认知

何为施工时的不和谐因子，即可以将系统中的隐患转化为事故的一切物质，包括人，也称作损失诱导因子。它既可以是隐患转化为事故的直接导致者，亦可以间接地作为第三方将隐患变为损失，如（负责人对上下级协调不善）。因此，通过追溯源头我们不难看出不和谐因子是由人的掌控或者操作不当导致机械的运作不正常，再加之施工环境中的不利因素共同作用而产生的。这是三者的不协调。

通常，间接的不安定因子使隐患上升为损失的概率要高于可以直接引发事故的不安定因子，而在可以直接引发事故的不安定因子中以易燃易爆、有毒易挥发等有害物质为主体，人为的直接导致事故仅占小部分，但这一小部分也高于因选址地区的气候地质不稳定而导致事故产生的概率。

二、我国水利工程施工安全管理制度

国家除了制订方针制度还会采用宏观和微观的手段来直接或间接地干预监管安全生产，宏观方面的措施是制订安全生产许可制度，为施工企业进行资质等级划分，如果施工单位所承接的工程出现安全事故就要承担处罚，如果安全事故中有人员伤亡则要求施工企业除了接受经济惩罚外，还要承担被降低资质等级和暂扣安全生产许可证的处罚，暂扣期限一般为1~3个月，暂扣期间要进行停工整顿并不得在参加招投标活动，停工整顿所产生的费用和工期由施工方承担，不得加入成本核算，此次的信誉也会被记录档案，作为以后资质等级评选的资料，这样可以刺激企业自主参与到安全管理当中。除此之外，国家的微观干预体现在由国家建设主管部门委派安全监督员到施工现场实地勘察和监督，对安全防护措施不到位的地方要给予警告并督促整改，安全监督员还负责为现场施工的员工进行安全教育的宣传工作，提高工人的安全意识。

第四节　水利工程项目风险管理

一、风险的特点及构成要素

风险的特点主要有以下几方面。

第一，风险具有客观性。

风险是企业意志之外的客观的存在，是不以企业的意志转移的。不能完全把风险消灭，只是说采用一些风险管理的办法来降低风险发生的概率和损失程度。

第二，风险具有普遍性。

风险无处不在，不管是个体还是企业都会面对各种各样的风险，伴随着新兴科技的出现，崭新的风险还会继续出现，并且由于风险事件导致的损失还会越来越大。

第三，风险具有不确定性。

风险之所以称为风险，是因为它具有不确定性。它主要从时间、空间和损失程度这三方面来表现其不确定性的。

第四，风险具有损失性。

风险的发生，不只是生产力遭到损失，还会导致人员伤亡。可以说只要有风险的出现，就必定会导致损失，假如风险发生后不会造成损失，那我们也不需要对风险进行研究了。所以很多人一直在努力寻找应对风险的方法。

第五，风险具有可变性。

这一特点是说风险在一定的条件下是可以转化的。这个大千世界，任何的一个事物都是互相依存、联系和制约的，都处在变化和变动当中，而这些变化又必会导致风险的变化。

风险的构成要素包括风险因素、风险事故及风险损失这三方面，它们之间的关系为：风险是这三方面构成的统一体，风险因素产生或增加了风险事故，而风险事故的产生又可能导致损失的出现。

风险事故是造成损失的事件，由风险因素所产生的结果，也是引发损失的直接原因。

风险损失是由于风险事故发生而出现的后果，由风险损失产生的概率和后果严重程度来计算风险的大小。

风险因素是通过风险事故的发生从而造成风险损失。

二、水利工程风险的相关概念

（一）水利工程风险的定义及分类

从风险的不确定性，可以把工程项目风险定义为："在整个工程寿命周期内所发生的、对工程项目的目标（质量、成本和工期）的实现及生产运营过程中可能产生的干扰的不确定性的影响，或者可能导致工程项目受到损害失或损失的事件"。水利工程风险指的是从水利工程准备阶段到其竣工验收阶段的整个全部过程中可能发生的威胁。

根据项目风险管理者不同的角度，不同的项目生命周期的阶段，风险来源不同，按照风险可能发生的风险事件等方面，采取不同管理策略对工程进行管理，对工程风险常见的分类如下。

按工程项目的各参与单位分类：业主风险、勘察单位的风险、设计单位的风险、承办商的风险、监理方的风险等。

按风险的来源分类：社会风险、自然风险、经济风险、法律风险、政治风险等。

按风险可控性分类：核心风险和环境风险。

按工程项目全生命周期不同阶段划分分类：可行性研究分析阶段的风险、设计阶段的风险、施工准备阶段的风险、施工阶段的风险、竣工阶段的风险、运营阶段的风险等。

按风险导致的风险事件分类：进度风险、成本风险、质量风险、安全风险、环境污染的风险等。

（二）水利工程风险的特点

1. 专业性强

水利工程其工作环境、施工技术及其所需设备等的复杂性，决定了其风险专业性强。所以很多复杂的施工环节都需要专门的人员才能胜任。由于专业性的限制，水利工程施工人员都要经过职业培训，只有业务和专业对口，才能在进行水利工程的工作中很好地发挥。在风险的管理过程中，质量、设计规划、合同、财务管理等都是人为性质的风险，因为专业性较强，这些人为性风险很难管理，外行人难以对它进行有效的监督。

2. 发生频率高

因为水利工程项目的工期一般较长，不确定的因素较多，特别对于一些大型的工程，人为或者自然的原因导致的工程风险交替发生，这就造成风险的损失频繁发生。而且我们所处的市场是有很大变数的，很多发包人，一般较喜欢签订固定总价的合同，并且一般在合同中都会有“遇到政策及文件不再调整”的条款，其实意图很简单，就是他们担心因为政策的变化等一些外力的介入会妨碍其利益获得，特别是担心国家或省级、行业建设主管部门或其他授权的工程造价管理机构发布工程造价调整文件，所带来的风险浮动的市场价格与固定的合同价格之间势必造成矛盾，利润风险自然会产生。再者，现在很多工程项目的特点是参与方多、投入资金巨大、资金链较长、工作监管难以到位、质量水平参差不齐、工期长、市场价格变化多端、环境接口复杂等不可确定性因素，在项目工程实施过程中可以说是危机丛丛。

3. 承担者的综合性

水利工程是一个庞大的系统工程，其参与方很多，其中某一方在工作中都有可能发生风险，只要是一个环节出现，整个系统都受到影响。风险事件经常是因为多方原因导致的，因此一个项目一般都有多个风险共同承担者，这方面与别的行业对比尤其明显。

4. 监管难度较大，寻租空间较大

因为水利工程涉猎的范围广泛、专业分布和人员流动都较密集，从横向范围来看，材料供应商、公关费用、日常开销等项目繁多；从纵向流程来看，与招标投标、工程监理、项目负责、融资投资、业主、工程师、项目经理、财务等多个方面有关系，范围括大，监

管的战线拉长，因此其监管的难度较大。正是在监管有一定难度的前提下，对于处于利益最大化法律主体，由于利益趋动，在诱惑面前势必会导致寻租可能性的加大。

5. 复杂性

水利工程有着工期较长、参与单位多、涉及范围广的特点，这其中碰到人文、政治、气候和物价等不可预见和不可抗力的事件几乎是不可躲避的，所以其风险变化相当复杂。工程风险与施工分工、设计的质量、方案是否可行、监管的力度、资金到位情况、执行力是否到位、施工单位资质等问题息息相关。这就是说风险一直存在，并且其发生的流程也很繁复。

三、水利工程项目风险管理概述

（一）风险识别

1. 风险识别分类

（1）感知风险

第一，查阅和整理以往工程资料数据和类似风险案例发生的资料，工程的具体要求、计划方案和总体目标等，把这些作为工程识别的根据；第二，对收集的依据和数据进行分类整理，最后进行风险识别。

（2）分析风险

由于水利工程有着投资需求大、技术要求高和建设工期长等特点，所以水利工程的风险无处不在、多种多样，有来自内外部环境的、各个时期的、动态和静态的。分析目的就是在这复杂的环境里寻找出工程的重要风险。

2. 常用的风险识别方法

常用的风险识别方法有：头脑风暴法、德尔菲法、流程图法、核对表法、情景分析法、工作分解结构法等。风险识别方法的选取主要取决于具体工程的性质、规模和风险分析技术等方面。

（1）头脑风暴法

这种方法是把众多该领域的专家召集在一起，对某个事件进行互相探讨，通过专家们创造性思维，相互激发、集思广益。综合各个专家的意见形成风险识别的结果。这种方法在具体的工程风险管理实施中很常见。

（2）德尔菲法

德尔菲法，是指通过函件的形势与相关领域的专家取得联系，征求专家在某一问题上的看法。首先将需要解决的问题发到每位专家的手中，各个专家单独分析后，将各个专家的意见进行处理后再把信息反馈给各个专家进行修改，如此重复几次后，直到各个专家的意见趋于相同时，最后的结果才能作为风险识别的最终结果。

（3）流程图法

流程图法是以每个施工过程为研究对象，列出每个施工工艺、每个施工过程具体有什么工程，风险源是什么，威胁力有多大。这是一种非常细致的风险识别方法，对于一些小工程为目标进行识别，可操作较强，但对于一些相对复杂的工程，特别是水利工程来说，工作量较大。

（4）核对表法

风险核对表法是以以往类似项目的历史资料作为依据，将当前项目可能存在的风险列在一个表格上供项目管理人员核查，对照表对项目现实存在的风险进行选择。该方法能够利用项目管理人员在项目管理领域的知识、经验和对已有资料的归纳总结的基础上完成对风险的识别工作。

（5）情景分析法

情景分析法也称为幕景风险法，它是结合一定的数理统计原理利用图表或者曲线表来描述在各种因素发生变化时，整个项目风险因素的变化及可能产生的后果。它是通过图表或者曲线表，能直观地表达对风险的认识，但是这个方法主要是从个人的角度和观点来看待问题，对问题的分析有片面性。

（6）工作分解结构法

英文简称 WBS，是以项目系统为研究对象，以一定的方法和逻辑将大的项目系统进行层层分解变成若干个子系统。通过整个子系统的风险因素进行识别形成整个系统的风险因素。利用工作分解法用于风险识别，得到的风险因素更加清晰明了，使得风险管理人员整体的组织结构更加清晰，对关键因素的识别也更明确。

（二）风险评估

风险评估一般分风险估计及风险评价两个步骤。由于工程风险的不确定性和模糊性导致难以对其进行准确的定义和量化，所以工程评估显得尤其重要。

1. 风险估计

风险估计一般是对单个的意见辨识的风险因素进行风险估计，通常可分为主观估计与客观估计两种，主观估计是在对研究信息不够充足的情况下，应用专家的一些经验及决策者的一些决策技巧来对风险事件风险度做出主观的判断与预测；客观估计是指经过对一些历史数据资料进行分析，这样找到风险事件的规律性，进一步对风险事件发生的概率及严重程度，也就是风险度做出估计判断和预测。风险估计大概包含以下几方面内容。

①最开始要对风险的存在做出分析，查找出工程具体在什么时候、地点及方面有可能出现风险，接着应尽力而为地对风险进行量化，对风险事件发生概率进行估算。

②对风险发生后产生的后果的严重程度进行估计，并对各个因素大小确定和轻重缓急程度进行排序。

③对风险有可能出现的大概时间及其影响的范围进行认真确认。换句话说，风险估计就是以对单个的风险因素和影响程度进行量化为基础来构建风险的清单，最终为风险的控制提供了参考，提供了各样的行动的路线及方案的过程。我们来依据事先选择好的计量方法和尺度，可以确定风险的后果。这期间我们还要对有可能增加的或者是比较小的一些潜在风险进行考虑。

2. 风险评价

风险评价是综合权衡风险对工程实现既定目标的影响程度，换句话说，就是指工程的管理人员利用一些方法来对可能有引起损失的风险因素进行系统分析及权衡，对工程发生危险的一些可能性及其严重的程度进行评价，并对风险整体水平进行综合整体评价。

3. 风险估计和评价的常用方法

风险估计及风险评价是指利用各式各样的科学管理技术，并且采取定性和定量相结合的方式，对风险的大小进行估计，进一步寻求工程主要的风险源，并对风险的最终影响进行评价。当前具有代表性的估计与评价的方法包括：事故树分析法、专家打分法、概率分析法、蒙特卡洛模拟法、决策树分析法、粗糙集、模糊综合评判法、层次分析法、神经网络法等。

（1）事故树分析法

事故树分析法运用了逻辑的方式，能够形象地对风险的工作进行分析。将工程风险层层分解，形成树状结构，逐步寻找引起上一层事件的发生原因和逻辑关系。由于该方法适合评价复杂项目的风险，且系统性、层次性较强，所以在风险识别过程中得以广泛使用。

（2）专家打分法

专家打分法采用业内专家的知识和经验，对水利工程建设过程中可能的风险进行直接的判断，并度量出任何一个单独的风险的水平，例如是给出 0~10 之间的分数。它是风险评价方法中较简单和较常用的一种。专家的经验和知识是在通过长期的实践过程中形成的，因此采用专家打分法在实际应用中有十分理想的效果。简单明了、容易实现是这种方法的最大优点，能够比较真实地反应各种风险的因素。专家打分法可以让各个专家的精华思想得以全部利用，便于找出更好的建设性建议，它是一个很好的评价方法。

（3）概率分析法

概率分析法是经过研究工程建设过程中各式各样不确定的因素幅度的概率分布，和对工程的不良影响，对工程风险性作出评判的一种不确定性分析方法。这种方法的优点是减弱了人为主观因素的影响，并且用数字来表示更为直观明了。

（4）蒙特卡洛模拟法

蒙特卡洛法又称为统计试验法或随机模拟法。它是在使用的过程中加入一些不确定的因素的功能，并且从输入的样本中来随机抽取出试验的样本，把样本数据输入数据模型，得出风险率，再进行若干次独立抽样，得到一组风险率数值，便能得到风险概率分布，判断风险水平。

（5）决策树分析法

决策树分析法，指的是在对每一个事件或者决策进行分析的时候，一般都会不只出现一个事件，而是有两个或者更多个的事件，分别引起不同结果，并且用长得像一棵树的树干的图形把这种事件或者决策的分支画出来。决策树把致灾原因作为决策点，给出相应的方案，并且给出各个方案的概率值，最后采用数学方法计算得出致灾原因的风险值。

（6）粗糙集

粗糙集是用来描述不确定性的数学理论。该方法可以分析不确定的、不完整的各种信息，还能够对数据进行分析和推理，并且得出相应的结果。粗糙集的基本思想是：它只是依靠大量的实验时的观测数据，不利用其他的任何形式的算法和之前经验得来的信息，仅是从大量的数据中找出它们潜在的关系和联系。

（7）模糊评价法

模糊评价法是一种多层次评价法。其中评价因素、层次要是越多，评价过程就会越复杂，评价结果越准确。这个方法第一步就是确定出评价的层次体系，接着安排从下到上的步骤，一步步地从下往上进行分析，最终可得出评价的结果。

（8）层次分析法

该方法适用于解决多目标决策问题的定性和定量相结合的、系统化的和层次化的决策分析的方法，属于运筹学的范畴。

（9）神经网络法

神经网络模拟人脑神经元，用神经元来表示输入信息、中间层信息和输出信息。各节点相互连接，形成网络系统。通过相互刺激和彼此连接使得神经元之间进行学习及记忆；神经网络进行训练时是利用激励函数来实现的。将一些互不关联的网络节点通过训练，使得其迭代逼近某一函数，即逼近函数，最后通过这个函数得到网络的输出。这种方法具有很强的自主学习能力、自适应能力及自组织能力，可以避免因权重和相关系数的选取而产生的人为评价误差，其中，又以 BP 神经网络应用最为广泛。

水利工程风险的评估方法的选择，将会直接影响风险评估结果的客观性和有效性。为了选取最合适的评估方法，应该遵循适应性、合理性、充分性、针对性及系统性这五个原则。

一般来说，定量和定性相结合的风险评估方法是比较有效的，在复杂的风险评估过程中，把定性分析与定量分析简单的分割是不可取的，应使它们融合在一起。采用综合系统的评估方法，经常是吸取不同方法的优点，采用几种方法相结合的风险评估。通过对上述方法的优缺点分析，根据相关管理人员的以往经验的基础，并且从理论上讲，神经网络控制系统具有一定的学习能力，极其适合复杂系统的建模及控制，能够更好地适应环境及系统特性的一些变化，之前利用专家打分法对风险因素进行打分量化，将量化的风险因素作为神经网络的输入，神经网络的输出则是我们需要的风险结果，应用神经网络来构建一个待解决的问题等价的模型，这对于风险管理来说，是个有效的办法。在水利工程工程风险管理中，为了能够保证得到客观准确的安全风险评价等级，需要对水利工程中的环境、设备、人力方面等进行定性转为定量的分析，但是我们在实际中概率不能完全获取。

（三）风险控制

1. 风险转移

这种方法是一种比较经常使用的一个风险控制方法。它主要是针对一些风险发生的概率不是很高而且就算发生导致的损失也不是很大的工程，通过发包、保险及担保的一些方式把工程遇到与一些潜在的风险转移给第三方。例如，总承包商可以把一些勘测设计、设备采购等一些分包给第三方；保险是和保险公司就工程相关方面签订保险合同；一般在工程项目中，担保主要是银行为被担保人的债务、违约及失误承担间接责任的一种承诺。

2. 风险规避

这是一种面对一些风险发生的概率较高，而且导致的后果比较严重，采取的主动放弃该工程的方法。但是这种方法有着一些局限性，因为我们知道，很多风险因素是可以相互转化的，消除了这个风险带来的损害的同时又会引起另一个风险。假如我们因为某些高风险问题放弃了一个工程的建设，是直接消除了可能带来的损失，同时我们也不可能得到这个工程带来的盈利方面的收入。所以有时我们应该衡量好风险和利益之间的比率来选择风险控制的方法。

3. 风险预防

这种方法主要是采取一些措施来对工程的风险进行动态的控制，就是要尽可能寺避免风险的发生。第一，运用工程先进合理的技术手段对工程决策和实施阶段提前进行预防控制，降低损失。第二，管理人员和施工人员要把实际的进度、资金、质量方面的情况与之前计划好了的相关目标机械能对比，要做到事前控制、过程控制和事后控制。发现计划有所偏离，应该立即采取有效的措施，防患于未然。第三，要加强对管理人员及从事工程的各方人员进行风险教育，提高安全意识。

4. 损失控制

这种方法一般包括两个方面，第一，在风险事件还没发生之前就采取相应损失的预防措施，降低风险发生的概率。如对于高空作业的工作人员应该要做好高空防护措施，系好安全带等。第二，在风险事件发生之后采取相应措施来降低风险导致的损失。如一些自然灾害导致的风险事件。

5. 风险储备

这种方法就是在对一些经过分析判断后，一些风险事件发生后对工程的影响范围和危害都不是很确定的情况下，事前制订出多种的预防和控制措施，也就是主控制措施和备用的控制措施。例如很多施工和资金等方面的风险问题都可以采取备用方案。

6. 风险自留

风险自留是选择自愿承担风险带来损失的一种方法。一般包括主动自留和被动自留，是企业自行准备风险基金。主动自留相对于目标的实现更有力，而被动自留主要是一些以往工程中未出现过的或者出现的机率非常低的风险事件，还有就是因为对项目的风险管理的前几个环节中出现遗漏和判断失误的情形下发生的风险事件，事件发生后其他的风险措施难以解决的，选择了风险自留的方式。

7. 风险利用

这种方法一般只针对投机风险的情况。在衡量利弊之后，认为其风险的损失小于风险带来的价值，那就可以尝试着对该风险加以利用，转危为机。这种方法比较难掌握，采取这种方法应该具备以下几个条件：首先，此风险有无转化自我价值的可能性，可能性有多少；其次，实际转化的价值和预计转化的价值之间的比例占多少；再次，项目风险管理者是否具备辨识、认知和应变等方面的能力；最后，要考虑到企业自身具备这样的能力，具不具备在转危为机的过程中所要面临的一些困难和应该付出的代价。

上面描述的风险应对措施都存在着一定的局限性，在处理实际的问题时，一般采取组合的方式，也就是采用两种或者两种以上的应对方法来处理问题，因为对于简单的事件，单一的方法可以解决问题，但是复杂的就很棘手，采用组合的方式可以弥补各自之间的不足，使得目标效益最大化。

第五节　水利工程质量管理

一、建设项目质量管理概念

（一）建设项目质量的定义

在既定的质量管理计划、目标及职能设置的基础上，经过质量管理系统的策划、控制、保证及改进来实现所有相关质量管理职责的行为。通俗地讲，把完成服务和产品适用性作为一个组织或者企业质量管理的根本职责。所以，质量管理并不是一个简单的基础定义，而是一个全方位的具有相当的复杂性的系统工程。

建设项目的质量内涵是指工程项目的使用属性及性质，它是一个综合性的复杂指标。

它应该反映出合同中规定的条款，还包括隐藏的功能属性，其中包含下面三个主要内容。

一是工程项目建设完工投产运行之后，它所提供的服务或产品的质量属性，生产运行的稳定性和安全性。

二是工程项目所采用的设备材料、工艺结构等质量属性，尤其是耐久性及工程项目的使用寿命。

三是其他方面，如造型、可检查性和可维护性等。

（二）建设项目质量管理的内涵

普遍意义中，质量管理的内涵主要指为了实现工程项目质量管理目标而实施的相关具有管理属性的行为及控制活动。这其中主要包含制定方针及目标、进行控制及实施改进措施等。质量管理行为绝对不是孤立的，它也不是与进度、成本、安全等活动相互对立的，而是项目质量管理全过程的一个重要组成因素，是与进度、成本、安全等活动相互促进并相互制约的。质量管理活动应该是贯穿整个工程项目管理全过程的重要活动。

建设项目质量管理的内涵为保障项目方针目标内容的实现，同时能够对劳动成果进行管控的活动。主要包括为保障项目质量管理成果符合协议合同或者业内标准而采用的一系列行为。它是工程项目质量管理中非常重要的、有计划性和系统性的行为。

建设项目质量管理活动的定义是为了达到工程项目质量管理需求而采用的各种行为及活动的总和。其目标为监视控制质量的形成过程，并消灭质量管理各环节中偏离行为准则的现象，以确保质量管理目标的完成。建设项目质量管理活动通过检验建设项目质量成果，判定其是否完全符合相应的准则和规范，并且消除引起劣质结果的因素。

二、质量管理相关理论及其发展

（一）质量管理相关理论

质量管理发展到现在阶段，主要有以下几种重要理论。

1.“零缺陷”理论

顾名思义，该项理论基本原则和内容是把活动中可能发生的任何错误及缺陷降为零。这种管理方法出发点及目标较为全面。核心思想是企业的生产者第一次就把工作做到非常好，没有任何缺陷，不用依靠事后的验证来发现及解决错误。它强调对缺陷进行提前预防以及对生产过程进行极为有效的控制。

“零缺陷”要求企业管理层应该采取各种激励手段来充分调动生产者的主观能动性和积极性，并且制订高质量的目标，使得生产的产品及从事的业务没有任何缺点。“零缺陷”的成功实现还需要企业生产者具有强烈的产品及业务质量的责任感。“零缺陷”理论强调在整个项目质量管理中，只有全员参与，才能切实提高产品和服务的质量。

2.“三部曲”理论

“三部曲”就其内涵而言，将质量策划、控制以及改进作为服务或者产品全周期质量管控的三个最重要环节。每一个环节都有其相对固定的模式和实施标准。该理论认为质量管理的目的是保证服务或者产品的质量能确保消费者或者使用者的需求。

三个环节中，质量计划的制订是质量管理“三部曲”的起始点，它是一个能保证满足管理者特定管理目标，并且能够在现有生产环境下施行的过程。在质量计划完成之后，这个过程被移交给操作者。操作人员的职责就是按照既定质量计划施行全部控制管理行为。若既定的质量计划出现某些漏洞，生产过程中的经常性损耗就会始终保持较高的标准。于是组织或者企业的管理层就会引入一个新的管理环节质量改进环节。质量改进环节是通过采用各种行之有效的办法来提升服务或者产品、过程和体系以满足管理者或者消费者质量管理需求的行为，使质量管理工作达到一个崭新的高度和水平。通过实施质量改进活动，生产过程中的经常性损耗会较大程度的下降。最终，在实施质量改进活动中吸取的经验教训会反馈并影响下一轮的质量计划，于是，质量管理全过程就会形成了一个生命力强劲的循环链条。

3. 全面质量管理理论

该理论主要涵义是指组织或者企业实施质量管理的权限和范围应该不仅局限在服务或者产品的质量本身，而且还应该要包含从生产扩展至研究设计、设备材料采购、制造生产、营销销售和后勤服务等质量管理的各个环节。该理论在工程项目质量管理的实际应用中必须关注下面五点原则：以质量为效益、以人为本、预防为先及注重全过程原则。

①组织或者企业为了使消费者或者使用者对其提供产品或者服务产生较高地满意度，那么就要求组织或者企业必须从更加全方位的角度去寻找解决质量问题的管控办法。需要其把各类先进的管控方法或者思想融合加工，将组织或者企业中的每一道环节的质量管控作到极致，来代替仅在生产环节中依靠统计学来管控质量，以使质量问题得到更为根本的解决。

②产品质量的高低是相对的，而控制质量高低程度的管理过程也不是一蹴而就的。它是由制订标准及研制开发等多个步骤构建而成。这些步骤影响着一项服务或者产品质量高低的程度。因此，组织或者企业进行质量管控，就必须关注设计开发生存的全过程，这是全面质量管理的基本原则。

③由于组织或者企业经营持续下去的基础是盈利，那么它就必须要服务或者产品的功能性和经济性结合起来，既保证服务或者产品能够满足消费者或者使用者的功能需求品质需求，又要充分考虑其成本，否则长久持续确保服务或者产品的质量水平就是一句空谈。

（二）质量管理的发展

至今，质量管理理论的发展阶段主要有以下三个：

1. 质量检验阶段

这阶段的质量管理是由专职的质检人员或者质检部门利用各种仪表及检测设备，按照规定的质量标准对生产过程进行严格把关，以确保产品质量。它的主要特点是强调事后把关及信息反馈行为，但无法在生产过程中起到预防及控制作用。

2. 统计质量控制阶段

这阶段是利用数理统计技术在生产流程工序之间进行质量控制行为，从而预防不合格产品的产生。使用该种方法能够对影响服务或者产品质量的相关因素进行部分约束。与此同时，世界范围内主流的质量管理由事后检查进化到事前事中预防性控制的管控模式。但是，由于该种方式是以数理统计学科技术为基础的，容易导致组织或者企业把质量管控的关注点集中到数理统计工作者本身，却容易忽视生产人员以及管理人员的重要影响。因此，质量管理理论必然开创了一个全新的阶段——全面管理阶段。

3. 全面管理阶段

全面质量管理理论是根据组织或者企业的不同实际情况，通过全周期、全过程的质量控制，运用当代最为先进的科学质量管理模式，保证服务业或者产品的质量，改善质量管理模式的一种思想。

全面质量管理主要特征是面对不同的组织或者企业在条件、环境以及状态等方面的不同，综合性地把数理统计学科、组织管理技术和心理行为科学等各个学科知识以及工具融合统一，建立健全、完善、高效的质量管理工作系统，并对全过程各个环节加以控制管理，做到生产运行全面受控。全面质量管理是现代的质量管理，它从更高层面上囊括了质量检验及统计质量管理的内容。不再受限于质量管理的职能范畴，而是逐步变成一种把质量管理作为核心内容，行之有效的、综合全面的质量管理模式。

三、水利工程质量管理及其优化

（一）水利工程施工管理内容

1. 施工前管理

水利工程施工前主要完成的工作包括投标文件的编制及施工承包合同的签订以及工程成本的预算，同时要根据工程需要制定科学合理的合同及施工方案。施工前的管理是属于准备工作阶段，这段时间是为工程的顺利施工提供基础，准备得充分与否是决定工程能否顺利进行以及能否达到高标准、高质量的决定条件。

2. 施工中管理

①对图纸进行会审，根据工程的设计确定质量标准和成本目标，根据工程的具体情

况，对于一些相对复杂、施工难度较高的项目，要科学安排施工程序，本着方便、快速、保质、低耗的原则进行安排施工，并根据实际情况提出修改意见。

②对施工方案的优化。施工方案的优化是建立在现场施工情况的基础之上的，根据施工中遇到的情况，科学合理的进行施工组织，以有效控制成本进行针对性管理，做好优化细化的工作。

③加强材料成本管理。对于材料成本控制，首先是要保证质量，然后才是价格，不能为了节约成本而使用质量难以保证的材料，要质优价廉，再有要根据工序和进度，细化材料的安排，确保流动资金的合理使用，既保证施工作业的连续性，同时也能降低材料的存储成本。另外对于施工现场材料的管理要科学合理的放置，减少不合理的搬运和损耗，达到降低成本的目的。另外要控制材料的消耗，对大宗材料及周转料进行限额领料，对各种材料要实行余料回收，废物利用，降低浪费。

3. 施工后管理

水利工程完工后要完成竣工验收资料的准备和加强竣工结算管理。要做好工程验收资料的收集、整理、汇总，以确保完工交付竣工资料的完整性、可靠性。在竣工结算阶段，项目部有关施工、材料部门必须积极配合预算部门，将有关资料汇总、递交至预算部门，预算部门将中标预算、目标成本、材料实耗量、人工费发生额进行分析、比较，查询结算的漏项，以确保结算的正确性、完整性。加强资料管理和加强应收账款的管理。

（二）水利工程质量管理的重要性

随着科学技术的发展和市场竞争的需要，质量管理越来越被人们重视。在水利工程建设中，工程质量始终是水利工程建设的关键，任何一个环节，任何一个部位出现问题，都会给整体工程带来严重的后果，直接影响到水利工程的使用效益，甚至造成巨大的经济损失。因此，可以肯定的说，质量管理是确保水利工程质量的生命。

工程质量的优劣直接影响工程建设的速度。劣质工程不仅增加了维修和改造的费用、缩短工程的使用寿命，还会给社会带来极坏的影响。反之，优良的工程质量能给各方带来丰厚的经济效益和社会效益，建设项目也能早日投入运营，早日见效。由此可见，质量是水利工程建设中的重中之重，不能因为追求进度，而轻视质量，更不能因为追求效益而放弃质量管理。只有深刻认识质量管理的重要性，我们的工作才能做好。

（三）水利工程质量管理的要点

1. 加强水利工程的测量工作，保证测量的准确性

水利工程建设中，工程设计所需的坐标和高程等基本数据以及工程量计算等都必须经过测量来确定，而测量的准确性又直接影响到工程设计、工程投入。

2. 加强水利工程设计工作

在水利工程建设项目可行性论证通过并立项后，工程设计就成为影响工程质量的关键因素。工程设计的合理与否对工程建设的工期、进度、质量、成本，工程建成运行后的环境效益、经济效益和社会效益起着决定作用。先进的设计应采用合理、先进的技术、工艺和设备，考虑环境、经济和社会的综合效益，合理地布置场地和预测工期，组织好生产流程，降低成本，提高工程质量。

3. 加强施工质量管理

施工是决定水利工程质量的关键环节之一，因此在施工过程中应加强施工质量管理，保证施工质量。

①加强法制建设，增强法制意识，认真遵守相关的法律法规。

②完善水利工程施工质量管理体系，严格执行事先、事中、事后“三检制”的质量控制，并确保水利工程施工过程中该体系正常和有效地运转，质量管理工作到位。

③水利工程建设中，影响工程质量的因素主要有人、材料、机械、工艺和方法、环境5个方面。因此，在建设过程中应从以上5个方面做好施工质量的管理。

④整个施工过程中应实行严格的动态控制，做到“施工前主动控制，施工时认真检查，施工后严格把关”的质量动态控制措施。

⑤施工时不偷工减料，应严格按照设计图纸和施工规程、规范、技术标准精心施工。

⑥加强相关人员的管理，对有特殊要求的人员应要持证上岗。

⑦加强工程施工过程中的信息交流和沟通管理。

⑧加强技术复核。

水利工程施工过程中，重要的或关系整个工程的核心技术工作，必须加强对其的复核避免出现重大差错，确保主体结构的强度和尺寸得到有效控制，保证工程建设的质量。

4. 重视质量管理，落实责任制

相关的管理部门应高度重视水利工程质量管理工作，本着以对国家和人民负责的态度真正把工程质量管理工作落到实处，明确相关人员的责任，层层落实责任制，全面落实责

任制，并加强监督和检查，严格按照水利规范和技术要求，如出现质量问题就要追究当事人的责任，即工程质量终身制，彻底解决工程质量如没人负责问题，能够提高相关人员的责任感。

5. *改进监控方法，提高检测水平*

加强原材料、设备的质量控制，对批量购置的材料、设备等，要按国家相关部颁或行业技术标准先检测（全面检测或抽样检测）后使用，对不合格材料和设备不使用。加强施工质量监测，对关键工序和重点部位，应严格监控施工质量。

6. *加强技术培训，提高相关人员的业务素质*

设计人员、管理人员、施工人员和操作人员业务素质的高低直接影响水利工程建设的质量，加强相关人员的技术培训，提高技术人员的业务素质，能够大大地提高水利工程建设的质量。因此，各个单位应重视员工的专业素质，定期进行相关的培训，提高员工的专业技能和业务素质，能够掌握并运用新技术、新材料和新工艺等，还应建立完善的考核机制。

质量是企业的生存之本，因此，只有高度重视工程质量，才能使企业更好更快地发展。

（四）施工过程的质量控制

施工是形成工程项目实体的过程，也是决定最终产品质量的关键阶段，要提高工程项目的质量，就必须狠抓施工阶段的质量控制。水利水电工程项目施工涉及面广，是一个极其复杂的过程，影响质量的因素很多，使用材料的微小差异、操作的微小变化、环境的微小波动，机械设备的正常磨损，都会产生质量问题，造成质量事故。因此工程项目施工过程中的质量控制，是工程项目控制的重点，是工程的生命线。施工过程的质量控制，主要表现为现场的质量监控，牢牢掌握住 PDCA 循环中的每一个环节。

1. *加强工地试验对质量控制的力度*

工地试验室在工程质量管理中是非常重要的一个环节，是企业自检的一个重要部门，应该予以高度的重视。试验人员的素质一定要高，要有强烈的工作责任心和实事求是的认真精神，否则，既花了冤枉钱，又耽误了工期，更可能造成严重的后果。

试验室配备的仪器和使用的试验方法除满足技术条款和规范要求外，还要尽量做到先进。比如在测量工作中，尽量使用全站仪校验放样：①精度较高；②可以提高工作效率。

2. *加强现场质量管理和控制*

要加强现场质量控制，就必须加强现场跟踪检查工作。工程质量的许多问题，都是通过现场跟踪检查而发现的。要做好现场检查，质量管理人员就一定要腿勤、眼勤、手勤。腿勤就是要勤跑工地，眼勤就是要勤观察，手勤就是要勤记录。要在施工现场发现问题、解决问题，让质量事故消灭在萌芽状态中，减少经济损失。质量管理人员要在施工现场督促施工人员按规范施工，并随时抽查一些项目，如混凝土的砂石料、水的称量是否准确，钢筋的焊接和绑扎长度是否达到规范要求，模板的搭设是否牢固紧密等。质量管理人员还应在现场给工人做正确操作的示范，遇到质量难题，质量管理人员要同施工人员一起研究解决，出现质量问题，不能把责任一齐推向施工人员。质量管理者只有做深入细致的调查研究工作，才能做到工程质量管理奖罚分明，措施得当。

在现场质量控制的过程中，还应该采取合理的手段和方法。比如在工程施工过程中，往往一些分项分部工程已完成，而其他一些工程尚在施工中；有些专业已施工结束，而有的专业尚在继续进行。在这种情况下，应该对已完成的部分采取有效措施，予以成品保护，防止已完成的工程或部位遭到破坏，避免成品因缺乏必要保护，而造成损坏和污染，影响整体工程质量。此时施工单位就应该自觉地加强成品保护的意识，舍得投入必要的财力人力，避免因小失大。科学合理地安排施工顺序，制订多工种交叉施工作业计划时，既要在时间上保证工程进度顺利进行，又要保证交叉施工不产生相互干扰；工序之间、工种之间交接时手续规范，责任明确；提倡文明施工，制订成品保护的具体措施和奖惩制度。

在工程施工过程中，运用全面质量管理的知识，可以采用因果分析图、鱼刺图等方法，对工程质量影响因素进行认真细致的分析，确定质量控制的措施和目标，使工程质量控制有的放矢，达到事前预防、事中严格控制，扭转事后检测不达标的被动局面，提高工程质量控制的水平和效率。

第三章　水利工程建设环境保护与文明施工

第一节　水利工程建设项目环境保护要求

一、各设计阶段的环境保护要求

（一）环境保护设计必须按国家规定的设计程度进行

执行环境影响报告书（表）的编审制度，执行防治污染及其他公害的设施与主体工程同时设计、同时施工、同时投产的“三同时”制度。

（二）项目建议书阶段

项目建议书中应根据建设项目的性质、规模、建设地区的环境现状等有关资料，对建设项目建成投产后可能造成的环境影响进行简要说明，其主要内容如下。

①所在地区的环境现状。

②可能造成的环境影响分析。

③当地环保部门的意见和要求。

④存在的问题。

（三）可行性研究（设计任务书）阶段

按《建设项目环境保护管理办法》的规定，需编制环境影响报告书或填报环境影响报告表的建设项目，必须按该管理办法之附件一或附件二的要求编制环境影响报告书或填报环境影响报告表。在可行性研究报告书中，应有环境保护的专门论述，其主要内容如下。

①建设地区的环境现状。

②主要污染源和主要污染物。

③资源开发可能引起的生态变化。

④设计采用的环境保护标准。

⑤控制污染和生态变化的初步方案。

⑥环境保护投资估算。

⑦环境影响评价的结论或环境影响分析。

⑧存在的问题及建议。

（四）初步设计阶段

建设项目的初步设计必须有环境保护篇（章），具体落实环境影响报告书（表）及其应审批意见所确定的各项环境保护措施。环境保护篇（章）包含下列主要内容。

①环境保护设计依据。

②主要污染源和主要污染物的种类、名称、数量、浓度或强度及排放方式。

③规划采用的环境保护标准。

④环境保护工程设施及其简要处理工艺流程、预期效果。

⑤对建设项目引起的生态变化所采取的防范措施。

⑥绿化设计。

⑦环境管理机构及定员。

⑧环境监测机构。

⑨环境保护投资概算。

⑩存在的问题及建议。

（五）施工图设计阶段

建设项目环境保护设施的施工图设计，必须按已批准的初步设计文件及其环境保护篇（章）所确定的各种措施和要求进行。

二、选址与总图布置

第一，建设项目的选址或选线。

必须全面考虑建设地区的自然环境和社会环境，对选址或选线地区的地理、地形、地质、水文、气象、名胜古迹、城乡规划、土地利用、工农业布局、自然保护区现状及其发展规划等因素进行调查研究，并在收集建设地区的大气、水体、土壤等基本环境要素背景资料的基础上进行综合分析论证，制定最佳的规划设计方案。

第二，凡排放有毒有害废水、废气、废渣（液）、恶臭、噪声、放射性元素等物质或因素的建设项目。

严禁在城市规划确定的生活居住区、文教区，水源保护区、名胜古迹、风景游览区、温泉、疗养区和自然保护区等界区内选址。铁路、公路等的选线，应尽量减轻对沿途自然生态的破坏和污染。

第三，排放有毒有害气体的建设项目。

应布置在生活居住区污染系数最小方位的上风侧；排放有毒有害废水的建设项目应布置在当地生活饮用水水源的下游；废渣堆置场地应与生活居住区及自然水体保持规定的距离。

第四，环境保护设施用地应与主体工程用地同时选定。

产生有毒有害气体、粉尘、烟雾、恶臭、噪声等物质或因素的建设项目与生活居住区之间，应保持必要的卫生防护距离，并采取绿化措施。

第五，建设项目的总图布置。

在满足主体工程需要的前提下，宜将污染危害最大的设施布置在远离非污染设施的地段，然后合理地确定其余设施的相应位置，尽可能避免互相影响和污染。

第六，新建项目的行政管理和生活设施。

应布置在靠近生活居住区的一侧，并作为建设项目的非扩建端。

第七，建设项目的主要烟囱（排气筒）。

火炬设施、有毒有害原料、成品的贮存设施，装卸站等，宜布置在厂区常年主导风向的下风侧。

第八，新建项目应有绿化设计。

其绿化覆盖率可根据建设项目的种类不同而异。城市内的建设项目应按当地有关绿化规划的要求执行。

三、污染防治

（一）污染防治原则

①工艺设计应积极采用无毒无害或低毒低害的原料，采用不产生或少产生污染的新技术、新工艺、新设备。最大限度地提高资源、能源利用率，尽可能在生产过程中把污染物减少到最低限度。

②建设项目的供热、供电及供煤气的规划设计应根据条件尽量采用热电结合、集中供

热或联片供热，集中供应民用煤气的建设方案。

③环境保护工程设计应因地制宜地采用行之有效的治理和综合利用技术。

④应采取各种有效措施，避免或抑制污染物的无组织排放。具体措施如下。

一是设置专用容器或其他设施，用以回收采样、溢流、事故、检修时排出的物料或废弃物。

二是设备、管道等必须采取有效的密封措施，防止物料跑、冒、滴、漏。

三是粉状或散装物料的贮存、装卸、筛分、运输等过程应设置抑制粉尘飞扬的设施。

⑤废弃物的输送及排放装置宜设置计量、采样及分析设施。

⑥废弃物在处理或综合利用过程中，如有二次污染物产生，还应采取防止二次污染的措施。

⑦建设项目产生的各种污染或污染因素，必须符合国家或省、自治区、直辖市颁布的排放标准和有关法规后，方可向外排放。

⑧贮存、运输、使用放射性物质及放射性废弃物的处理，必须符合要求。

（二）废气、粉尘污染防治

①凡在生产过程中产生有毒有害气体、粉尘、酸雾、恶臭、气溶胶等物质，宜设计成密闭的生产工艺和设备，尽可能避免敞开式操作。如需向外排放，还应设置除尘、吸收等净化设施。

②各种锅炉、炉窑、冶炼等装置排放的烟气，必须设有除尘、净化设施。

③含有易挥发物质的液体原料、成品、中间产品等贮存设施，应有防止挥发物质溢出的措施。

④废气中所含的气体、粉尘及余能等，其中有回收利用价值的，应尽可能地回收利用；无利用价值的应采取妥善处理措施。

（三）废水污染防治

①建设项目的设计必须坚持节约用水的原则，生产装置排出的废水应合理回收重复利用。

②废水的输送设计，应按清污分流的原则，根据废水的水质、水量、处理方法等因素，通过综合比较，合理划分废水输送系统。

③工业废水和生活污水（含医院污水）的处理设计，应根据废水的水质、水量及其变化幅度、处理后的水质要求及地区特点等，确定最佳处理方法和流程。

④拟定废水处理工艺时，应优先考虑利用废水、废气、废渣（液）等进行“以废治废”的综合治理。

⑤废水中所含的各种物质，如固体物质、重金属及其化合物、易挥发性物体、酸或碱类、油类以及余能等，凡有利用价值的应考虑回收或综合利用。

⑥工业废水和生活废水（含医院污水）排入城市排水系统时，其水质应符合有关排入城市下水道的水质标准的要求。

⑦输送有毒有害或有腐蚀性物质的废水的沟渠、地下管线检查井等，必须采取防渗漏和防腐蚀措施。

⑧水质处理应选用无毒、低毒、高效或污染较轻的水处理药剂。

⑨对受纳水体造成热污染的排水，应采取防止热污染的措施。

⑩原（燃）料露天堆场，应有防止雨水冲刷，物料流失而造成污染的措施。

⑪经常受有害物质污染的装置、作业场所的墙壁和地面的冲洗水以及受污染的雨水，应排入相应的废水管网。

⑫严禁采用渗井、渗坑、废矿井或用净水稀释等手段排放有毒有害废水。

（四）废渣（液）污染防治

①废渣（液）的处理设计应根据废渣液的数量、性质、并结合地区特点等，进行综合比较，确定其处理方法。对有利用价值的，应考虑采取回收或综合利用措施；对没有利用价值的，可采取无害化堆置或焚烧等处理措施。

②废渣（液）的临时贮存，应根据排出量、运输方式、利用或处理能力等情况，妥善设置堆场、贮罐等缓冲设施，不得任意堆放。

③不同的废渣（液）宜分别单独贮存，以便管理和利用。两种或两种以上废渣（液）混合贮存时，应符合下列要求。

一是不产生有毒有害物质及其他有害化学反应。

二是有利于堆贮存或综合处理。

④废渣（液）的输送设计，应有防止污染环境的措施。

一是输送含水量大的废渣和高浓液时，应采取措施避免沿途滴洒。

二是有毒有害废渣、易扬尘废渣的装卸和运输，应采取密闭和增湿等措施，防止发生污染和中毒事故。

⑤生产装置及辅助设施、作业场所，污水处理设施等排出的各种废渣（液）必须收集并进行处理，不得采取任何方式排入自然水体或任意抛弃。

⑥可燃质废渣（液）的焚烧处理，应符合下列要求。

一是焚烧所产生的有害气体必须有相应的净化处理设施。

二是焚烧后的残渣应有妥善地处理设施。

⑦含有可溶性剧毒废渣禁止直接埋入地下或排入地面水体设计此类废渣的堆场时，必须设有防水，防渗漏或防止扬散的措施；还须设置堆场雨水或渗出液的收集处理和采样监测设施。

⑧一般工业废渣、废矿石、尾矿等可设置堆场或尾矿坝进行堆存。但应设置防止粉尘飞扬、淋沥水与溢流水、自燃等各种危害的有效措施。

⑨含有贵重金属的废渣宜视具体情况采取回收处理措施。

（五）噪声控制

①噪声控制首先控制噪声源，选用低噪声的工艺和设备，必要时还应采取相应控制措施。

②管道设计应合理布置并采用正确的结构，防止产生振动和噪声。

③总体布置应综合考虑声学因素，合理规划，利用地形、建筑物等阻挡噪声传播，并合理分隔吵闹区和安静区，避免或减少高噪声设备对安静区的影响。

④建设项目产生的噪声对周围环境的影响应符合有关城市区域环境噪声标准的规定。

四、管理机构的设置

第一，新建、扩建企业设置环境保护管理机构。

环境保护管理机构的基本任务是负责组织、落实、监督本企业的环境保护工作。

第二，环境保护管理机构的主要职责。

①贯彻执行环境保护法规和标准。

②组织制定和修改本单位的环境保护管理规章制度并监督执行。

③制定并组织实施环境保护规划和计划。

④领导和组织本单位的环境监测。

⑤检查本单位环境保护设施的运行。

⑥推广应用环境保护先进技术和经验。

⑦组织开展本单位的环境保护专业技术培训，提高人员素质水平。

⑧组织开展本单位的环境保护科研和学术交流。

五、监测机构的设置

第一，对环境有影响的新建、扩建项目。

应根据建设项目的规模、性质、监测任务、监测范围设置必要的监测机构或相应的监测手段。

第二，环境监测的任务。

①定期监测建设项目排放的污染物是否符合国家或省、自治区、直辖市所规定的排放标准。

②分析所排放污染物的变化规律，为制定污染控制措施提供依据。

③负责污染事故的监测及报告。

第三，监测采样点要求布置合理。

能准确反映污染物排放及附近环境质量情况。监测分析方法，按国家有关规定执行。

六、环境保护设施及投资

环境保护设施，按下列原则划分。

①凡属污染治理和保护环境所需的装置、设备、监测手段和工程设施等均属环境保护设施。

②外排废弃物的运载设施，回收及综合利用设施，堆存场地的建设和征地费用列入生产投资；但为了保护环境所采取的防粉尘飞扬、防渗漏措施以及绿化设施所需的资金属环境保护投资。

③凡有环境保护设施的建设项目均应列出环境保护设施的投资概算。

七、设计管理

①各设计单位应有一名领导主管环境保护设计工作对本单位所承担的建设项目的环境保护设计负全面领导责任。

②各设计单位根据工作需要设置环境保护设计机构或专业人员负责编制建设项目各阶段综合环境保护设计文件。

③设计单位必须严格按国家有关环境保护规定做好以下工作。

一是承担或参与建设项目的环境影响评价。

二是接受设计任务书以后，必须按环境影响报告书（表）及其审批意见所确定的各种措施开展初步设计，认真编制环境保护篇（章）。

三是严格执行“三同时”制度，做到防治污染及其他公害的设施与主体工程同时设计。

四是未经批准环境影响报告书（表）的建设项目，不得进行设计。

④向外委托设计项目时，应同时向承担单位提出环境保护要求。

对没有污染防治方法或虽有方法但其工艺基础数据不全的建设项目不得开展设计；对有污染而没有防治措施的工程设计不得向外提供；对虽有治理设施，但不能满足国家或省、自治区、直辖市规定的排放标准的生产方法、工艺流程、不得用于设计。

因工程设计需要而开发研制的环境保护科研成果，必须通过技术鉴定，确认取得了工程放大的条件和设计数据时才能用于设计。

第二节 水利工程建设项目水土保持管理

一、前期工作

（一）中央补助地方小型水土保持项目

主要包括小流域综合治理、坡耕地水土流失综合治理等，前期工作一般分为规划和项目实施方案两个阶段，实施方案由可行性研究和初步设计合并而成，达到初步设计深度。其中，库容10万立方米以上的淤地坝工程前期工作分为规划、坝系工程可行性研究和单坝工程初步设计三个阶段。地方重大水土保持项目前期工作阶段按现行建设程序有关规定执行。

（二）水利部会同国家发展改革委等部门组织编制全国水土保持规划

明确水土流失类型区划分、水土流失防治目标、任务和措施等内容。各地根据全国水土保持规划确定的总体任务和要求，组织编制省级水土保持规划，重点明确近期建设任务、布局和措施等，并按规定报水利部和国家发展改革委核备。

根据需要，国家发展改革委、水利部可组织编制水土保持专项工程建设规划或总体方案。

（三）各地根据经批准的水土保持规划或总体方案

按项目区编制项目实施方案或按坝系编制淤地坝工程可行性研究报告、单坝工程初步设计。项目前期工作文件应由具备相应资质的机构编制。

（四）水土保持工程项目区和淤地坝坝系选择应符合以下原则

水土流失严重，亟待进行治理；水土保持机构健全，技术力量有保证；当地政府重视，群众积极性高，投劳有保障。其中，坡耕地水土流失综合治理应重点安排人地矛盾突出、坡度5°~15°（东北黑土区3°~10°）尚在耕种的缓坡耕地，严禁在退耕还林（草）地块实施坡改梯和陡坡开荒；淤地坝工程建设要合理布局，小流域治理程度低于30%且近期未纳入水土保持重点治理的，原则上不得在沟道安排淤地坝建设，新建大型淤地坝库容应控制在100万立方米以内并确保下游居民点、学校、工矿、交通等重要设施安全。

（五）中央补助地方小型水土保持项目实施方案

经水利部门提出审查意见后由发展改革部门审批，具体审批权限和程序由各地省级发展改革部门会同省级水利部门按照精简、高效的原则进一步明确。其中，对库容10万立方米以上的淤地坝工程，其坝系工程可行性研究报告经省级水利部门提出审查意见后由省级发展改革部门审批；单坝工程初步设计由省级水利部门、省级发展改革部门审批。项目建设涉及占地和需要开展环境影响评价等工作的，由各地按照有关规定办理。地方重大水土保持项目审批按现行建设程序有关规定执行。

（六）有关项目申报单位

在向项目审核审批机关报送项目实施方案或可行性研究、初步设计报告时，应按规定附送项目区所在乡（镇）政府出具的群众投劳承诺，以及落实工程建后管护责任的文件。

（七）为促进落实水土保持项目前期工作经费

各地可按规定在水土保持工程省级建设投资中提取不超过工程总投资2%的项目管理经费，用于审查论证、技术推广、人员培训、检查评估、竣工验收等前期工作和管理支出，不足部分由各地另行安排。

二、投资计划和资金管理

第一，根据规划确定的建设任务、各项目前期工作情况和年度申报要求。

各省级发展改革、水利部门向国家发展改革委和水利部报送地方水土保持项目年度中央补助投资建议计划。

第二，各地应积极引入竞争立项、公开评选等方式遴选项目。

列入年度中央补助投资建议计划的项目，应完成前期工作，落实各项建设条件。各省级发展改革和水利部门要加强审查，并对审查结果和申报材料的真实性负责。

第三，国家发展改革委会同水利部。

对各省（区、市）提出的建议计划进行审核和综合平衡后，分省（区、市）切块下达中央补助地方小型水土保持项目年度投资规模计划。

中央投资规模计划下达后，省级发展改革部门应按要求及时会同省级水利部门分解落实具体项目投资计划，并将计划下达文件抄报国家发展改革委、水利部及相关流域机构审核备案。省级分解投资计划应明确项目建设内容、建设期限、建设地点、总投资、年度投资、资金来源及工作要求等事项，明确各级地方政府出资及其他资金来源责任，并确保纳入计划的项目已按规定履行完成各项建设管理程序。省级发展改革部门将中央投资分解安排到具体项目的权限原则上不得下放。在中央下达建设总任务和补助投资总规模内，各具体项目的政府投资补助额度由各省级发展改革和水利部门根据实际情况确定。地方重大水土保持项目中央投资计划按项目申报和下达。

第四，中央补助地方水土保持项目投资。

为定额补助性质，由地方按规定包干使用、超支不补。

第五，水土保持项目中央补助投资。

优先安排地方投资落实、建后管护到位、群众积极性高、由村级集体经济组织自主建设管理的项目，并根据相关检查和考核评价结果实施奖惩。

第六，水土保持工程年度中央投资项目。

计划一经下达，原则上不再调整。执行过程中确需调整的，由省级发展改革部门会同省级水利部门做出调整决定并报国家发展改革委、水利部备案，重大调整需按程序报国家发展改革委、水利部审核同意。

第七，水土保持工程建设资金。

要严格按照批准的工程建设内容和规模使用，专款专用，严禁截留、挤占和挪用。推广实行资金使用县级报账制，项目开工建设后，可向承建单位拨付一定比例的预付资金，其余资金根据工程建设进度与质量，经监理工程师审核签认和验收合格后分期拨付。

三、建设管理

第一，根据水土保持项目特点。

水土保持工程可直接组织受益群众或选择专业化的项目建设单位实施。要健全和完善工程建设管理各项制度，创新建设管理机制，实行先建机制、后建工程。

水土保持工程中由受益群众投工投劳实施属于以工代赈性质的部分，经批准可不进行施工招标；拟公开招标的费用与项目的价值相比不值得的，经批准可进行邀请招标。

第二，工程建设应充分尊重群众意愿。

推行受益农户全过程参与的工作机制，实行群众投劳承诺制、群众质量监督员制和工程建设公示制。鼓励采取受益村级集体经济组织自主建设管理模式，投资、任务、责任全部到村，由村民民主产生项目理事会作为项目建设主体组织村民自建，项目建设资金管理实行公示制和报账制。

对受益群众直接实施的项目，县级水利水保部门应加强技术指导。

第三，水土保持项目实施。

应因地制宜采用新技术、新工艺和新材料，着力提高工程建设的科技含量和效益。

第四，各省级水利部门统一组织开展区域水土保持工程实施效益监测。

具体监测工作由具有水土保持监测资质的单位承担，监测成果应及时报送有关水利、发展改革部门。

第五，各级水利部门和有关项目单位要加强水土保持工程档案管理。

按规定收集整理和归档保存从项目前期、施工组织、工程监理到竣工验收等建设管理全过程的相关文件资料。

第六，水土保持工程竣工验收后，要及时办理移交手续。

明晰产权，落实管护主体和责任，确保工程长期发挥效益。

第七，淤地坝防汛工作。

参照小型水库防汛安全的程序和要求，纳入当地防汛管理体系，实行行政首长负责制，明确各级、各部门责任，确保安全运行。库容10万立方米以上的淤地坝工程要逐坝落实防汛行政和技术责任人，并在当地媒体上进行公示，接受社会监督。

第八，各省级发展改革、水利部门。

应于每年7月和下年1月份两次将本地区上半年和上年度水土保持工程建设情况汇总报国家发展改革委和水利部有关司，并抄送相关流域机构。报送信息的主要内容包括项目基本情况、资金落实和使用情况、工程进度、投资完成、建设管理情况、存在问题和改进建议等。

四、检查和验收

（一）各省级发展改革和水利部门

全面负责对本省水土保持工程的监督检查，检查任务原则上每年安排不少于1次。检查内容包括组织领导、前期工作、投资落实、建设管理、项目进度、工程质量、资金使用、运行管护情况等。

水利部和国家发展改革委对各地水土保持工程实施情况进行指导和监督检查，项目所在地流域机构负责督导、抽查的相关具体工作。检查结果将适时进行通报，并作为中央补助投资安排的重要依据之一。

（二）水土保持项目建设完成后

原则上应在3个月内组织竣工验收，验收按有关规程规范执行，对验收不合格的项目，要限期整改，并进行核验。

中央补助地方小型水土保持项目竣工验收由省级水利部门会同同级发展改革部门组织，并将结果报水利部（水土保持司）备核。其中，淤地坝工程竣工验收包括单坝验收和坝系工程整体验收两个环节，坝系工程整体验收应在坝系内所有单坝完成竣工验收后3个月内完成。各地的具体验收管理办法由省级发展改革部门、水利部门进一步制定完善，并报国家发展改革委和水利部备案。地方重大水土保持项目竣工验收按现行建设程序有关规定执行。

（三）在各省（区、市）竣工验收的基础上

国家发展改革委和水利部组织随机对验收结果进行抽查和考核评估。

第三节　水利工程文明施工

一、土方运输环境管理

（一）车辆情况

①车次车貌整洁，制动系统完好。

②车辆后栏板的保险装置完好，并另再增设一副保险装置，做到双保险，预防后板崩板。

③车辆应配置灭火器，以防发生火灾时应急。

④设备分公司负责对本公司的运输车辆进行定期检修；土方运输承包方自行负责车辆

的定期检修，以保持车况的良好。

（二）土方装卸

①土方装卸时，场地必须保持清洁，预防车轮黏带。

②车轮出门时，必须对车轮进行冲洗。

③车轮装载土方不得超高超载，并有覆盖物以防止土方在运输中沿途扬撒。

④各项目经理部、专业（分）公司负责对土方运输量进行统计。

（三）土方运输

①严格按交通、市容管理部门批准的路线行驶。

②配备专用车辆对运输沿线进行巡视，发现问题能够及时处理。

二、工程渣土整治措施

（一）运输

①施工单位持渣土管理部门核发的处置证向运输单位办理建筑垃圾、工程渣土托运手续；运输单位不得承运未经渣土管理部门核准处置的建筑垃圾、工程渣土。

②运输建筑垃圾、工程渣土时，运输车辆、船舶应随车携带处置证，接受渣土管理部门的检查。处置证不准出借、转让、涂改、伪造。

③运输车辆按渣土管理部门会同公安交通管理部门规定的运输路线进行运输。

④管理单位签发的回执，交托运单位送渣土管理部门查验。

⑤各类运输车辆进入建筑垃圾、工程渣土储运场地，服从场地管理人员的指挥，按要求倾卸。

（二）其他管理要求

①各类建设工程竣工后，施工单位应在一个月内将工地的建筑垃圾、工程渣土处理干净。

②任何单位不得占用道路堆放建筑垃圾、工程渣土。确需临时占用道路堆放的，必须取得有关部门核发的许可证。

③建筑垃圾、工程渣土临时储运场地四周应设置 1m 以上且不低于堆土高度的遮挡围栏，并有防尘、灭蝇和防污水外流等防污染措施。

（三）注意事项

如施工所在地政府或环境保护主管部门对施工建筑垃圾、工程渣土有特定的要求，将按照其要求执行。

三、污水管理

第一，施工污水的控制。

①施工现场（包括临时设施）应有设计合理的排水沟，应根据具体情况设置排水口及沉淀池。

②项目施工现场的混凝土搅拌设备装置与最近的地表水接收系统（即排放至现场之外的水体和现场主要排水系统）的距离不能小于50m。所有来自混凝土搅拌站的污水应引入一个临时沉淀池。

③基础及管线施工时，所采用井点降水排出的含泥沙及灌注桩施工时排放的泥浆，应在污水出口处设立沉淀池；管道闭水实验用水从最低点集中排放到城市污水管网。

④沉积泥土清理：当泥土沉积达到排水沟、沉淀池的1/3高度时，要对泥土进行清理，以保证能正常工作。

⑤采购石料时应考虑控制块石的含泥量，不购买含泥量超过规定要求的块石。

⑥所有临时有毒有害材料、废弃物储存区域都应与地表水接收系统保持50m以上的距离，以防止有毒有害材料污染水体。当把有毒有害材料、废弃物从一个容器移到另一个容器时，为防止泄漏应保持容器口始终向上。

⑦施工机械修理、维护设备须有防污措施，有条件的单位可购买防污设备。施工机械设备、车辆、集料的清洗产生的污水必须有控制措施。

⑧施工期间，施工物料（如沥青、水泥、沙石等）要覆盖、围挡，防止雨季形成污水。

⑨施工期间和完工之后，建筑场地、砂石料场地及时进行清理，以免形成污水。

第二，生活污水的控制。

①生活污水排放口必须设置过滤网，定期清理排污管道。

②在化粪池处设置沉淀池，并进行定期清淤处理。

③禁止用水清洗装贮过油类或者有毒污染物的车辆和容器。

第三，所有提供外部施工设备、设施。

包括租赁、分包方、供方的，进入工作场所都必须遵守此规定。

四、施工扬尘的控制措施

第一，施工中控制扬尘、粉尘的一般规定。

①施工现场周边要设置硬质围挡，主要道路要硬化并保持清洁。

②建筑垃圾、工程渣土要及时清运，不能及时清运的要采取围挡、覆盖。

③工地出口要设置冲洗设施，运输车辆驶出施工现场前要将车轮和槽帮冲洗干净。

④建筑工地的水泥、石灰等可能产生扬尘污染的建筑材料，必须在库房内存放或严密遮盖，严禁凌空抛撒。

⑤在施工期间，对施工通道、施工场地洒水处理，使尘土减到最低程度。

⑥在产生大量泥浆施工作业时，应配备相应的泥浆池、沟，做到泥浆不外流，废浆应采用密封式罐车外运。

⑦在生活区等施工临设周围进行硬化，保持营地和施工现场清洁卫生。

第二，施工中产生扬尘、粉尘的工序作业范围及作业控制方法。

①施工中产生扬尘、粉尘的工序作业范围有以下几点。

A. 砂、石、水泥、粉煤灰、土等材料的运输。

B. 水泥、粉煤灰的入罐。

C. 混凝土、二灰土等的拌制。

D. 桩头、混凝土表面凿毛及清理。

E. 柱、梁、板等构筑物的表面修饰。

F. 金属结构表面锈的磨光。

②作业控制方法有以下几点。

A. 砂、石、水泥、粉煤灰、土等材料的运输。

车辆不能超载，以免抛洒造成过多扬尘；对于袋装粉煤灰、水泥、土等材料运输要求表面覆盖，减少扬尘及材料变质；施工范围运输便道应注意洒水，避免扬尘。

B. 水泥、粉煤灰入罐（散装）要求装水泥罐车的管道有足够的强度。

确保水泥入罐时胶管不破，接头牢固，不发生水泥、粉煤灰严重泄露，污染大气；同时，水泥罐内不宜装得太满，以减少水泥、粉煤灰对大气的污染。

C. 混凝土、二灰土等拌制。

对于楼式搅拌站要经常检查，保证水泥、粉煤灰密封系统完好；对于简易式搅拌站（机）入料口应设置挡风板，减少因风扬尘污染大气，伤害人体健康。对人工提供水泥（即使用袋装水泥）的临时搅拌站，应给每位作业员工配备防尘口罩。

D. 桩头凿除、混凝土表面凿毛及清理。

桩头凿除、混凝土表面凿毛及清理，现浇、预制构件尽可能采用拉毛处理表面，如因砼浇注超高要凿掉，则应在凿除时表面浇水，减少粉尘。

E. 柱、梁、板等构筑物表面修饰。

在进行柱、梁、板等构筑物施工时尽可能采用合理的施工方案，采取有效措施，减少砼表面缺陷，避免修饰；如果砼表面确有缺陷需修饰，应尽快进行，同时避免大风天气，减少扬尘。

F. 金属结构表面锈磨光。

应采取防护措施，减少粉尘对人员、附近居民影响，金属结构表面锈磨光后立即油漆，避免再次磨光。

第三，施工烟尘的控制。

①尽可能优先采用能源利用效率高、污染物排放量少的生产工艺，使用清洁能源的机动车，减少大气污染物的产生。

②施工机械按其维护保养规定进行管理，确保其性能满足环保要求。

③机动车按相关规定接受机动车排气污染的年度检测。

④在机动车不符合污染物排放标准的，不得上路行驶。

⑤经年审后的车辆，司机应经常检查调整部位有无变化。做好车辆的保养工作。

⑥驾驶车辆人员应经常清洗“三芯”即空气滤芯、汽油滤芯、机油滤芯，防止排气超标。

⑦司机应妥善保管环保部门经监测下发的尾气排放合格证，并应与驾驶证同样携带以备检查。

⑧使用汽油的车辆尽可能使用无铅汽油，柴油车使用的柴油则尽可能添加防止污染的添加剂。

第四，生活烟尘的控制。

①生活食堂的油烟排放，应设置过滤网，防止油烟对附近居民的居住环境造成污染。

②油烟排放过滤网应经常清洗，保持清洁。

③在任何场所禁止焚烧沥青、油毡、橡胶、塑料、皮革、垃圾以及其他产生有毒有害烟尘和恶臭气体的物质。

第五，项目部及施工现场因发生事故或其他突发性事件。排放泄露有毒有害气体，造成或者可能造成大气污染事故，危害人体健康的，必须执行《环境事故应急预案》。

第六，坚持文明施工及装卸作业，避免由于野蛮作业而造成的施工扬尘。

第七，在与供方和分包方签订合同前，应将有关的规定通报供方和分包方。

第八，全体员工有责任和义务将重大有毒有害气体污染或异常情况向本部门项目经理反映。

第九，公司安全环保科根据不同施工工序、施工时段等情况选择产生扬尘、粉尘的监测点，委托当地环保部门进行监测，每半年一次或根据实际情况和相关部门要求增加监测次数，也可由施工单位自行实施，分公司自行进行监测应报工会办公室备案。

五、施工噪声及振动的管理

（一）施工申报

①除紧急抢险、抢修外，不得在夜间10时至次日早晨6时，从事打桩等危害居民健康的噪声建设施工作业。

②由于特殊原因须在夜间11时至次日早晨6时内从事超标准的、危害居民健康的建设施工作业活动的，必须事先向作业活动所在地的区、县环境保护主管部门办理审批手续，并向周围居民进行公告。

（二）施工噪声及振动的控制

1. 施工噪声的控制

①根据施工项目现场环境的实际情况，合理布置机械设备及运输车辆进出口，搅拌机等高噪声设备及车辆进出口应安置在离居民区域相对较远的方位。

②合理安排施工机械作业，高噪声作业活动尽可能安排在不影响周围居民及社会正常生活的时段下进行。

③对于高噪声设备附近加设可移动的简易隔声屏，尽可能减少设备噪声对周围环境的影响。

④离高噪声设备近距离操作的施工人员应佩戴耳塞，以降低高噪声机械对人耳造成的伤害。

2. 施工振动的控制

①如施工引起的振动可能对周围的房屋造成破坏性影响，须向居民分发“米字格贴”，避免因振动而损坏窗户玻璃。

②为缓解施工引起的振动，而导致地面开裂和建筑基础破坏，可采取以下措施：设置

防震沟和放置应力释放孔。

（三）施工运输车辆噪声

①运输车辆驶入城市区域禁鸣区域，驾驶员应在相应时段内遵守禁鸣规定，在非禁鸣路段和时间每次按喇叭不得超过 0.5s，连续按鸣不得超过 3 次。

②加强施工区域的交通管理，避免因交通堵塞而增加的车辆鸣号。

六、文明施工保证措施

第一，施工现场醒目位置处，设置文明施工公示标牌，标明工程名称、工程概况、开竣工日期，建设单位、设计单位、施工单位、监理单位名称及项目负责人、施工现场平面布置图和文明施工措施、监督举报电话等内容。

第二，施工区域与非施工区域设置分隔设施。

根据工程文明施工要求，凡设置全封闭施工设施的，均采用高度不低于 1.8m 的围挡；凡设置半封闭施工分隔设施的，则采用高度不低于 1m 的护栏。分隔设施做到连续、稳固、整洁、美观。半封闭交通施工的路段，留有保证通行的车行道和人行道。

第三，在过往行人和车辆密集的路口施工时，与当地交警部门协商制定交通示意图，并做好公示与交通疏导，交通疏导距离一般不少于 50m。封闭交通施工的路段，留有特种车辆和沿线单位车辆通行的通道和人行通道。

第四，因施工造成沿街居民出行不便的，设置安全的便道、便桥，施工中产生的沟、井、槽、坑应设置防护装置和警示标志及夜间警示灯。如遇恶劣天气应设专人值班，确保行人及车辆安全。

第五，在进行地下工程挖掘前，向施工班组进行详细交底。施工过程中，与管线产权单位提前联系，要求该单位在施工现场设专人做好施工监护，并采取有效措施，确保地下管线及地下设施安全。

第六，如因施工需要停水、停电、停气、中断交通时，采取相应的措施，并提前告之沿线单位及居民，以减少影响和损失。

第七，加强对现场施工人员的管理。

教育施工人员讲求职业道德，自觉遵守《市民文明守则》及《治安管理条例》，杜绝违法违纪和不文明行为的发生。现场施工人员配备统一的胸卡标志。

第八，施工区域与办公、生活区域分开设置。

制定相应的生活、卫生管理制度，办公、生活临建设施采用整洁、环保材料搭建，不设地铺、通铺。特殊天气条件下，采取有效的防暑降温、防冻保温措施，夏季有防蚊蝇措施。现场配备急救药箱，能够紧急处置突发性急症和意外人身伤害事故。

七、工地卫生

（一）炊事员必须身体健康

新上岗的炊事员必须经体检合格，在岗炊事员必须每年例行体检。体检不合格人员，不得从事炊事岗位工作。

（二）设施设备

①食堂一般布置在生活区内，但不得与宿舍混用。

②食堂应配备卫生消毒用具，有防“四害”的工具。

③具备清洁水源。无自来水的施工现场食堂应配备能加盖上锁的储水池。

④应备有垃圾桶，并当天清理。

（三）采购

①购进食品应经过验收，验收人员由公司安全环保科、各分支机构、项目部环境负责人指定的人员担任，但不得由采购人员一人同时包办采购和验收。

②购进食品应保证数量和质量。有包装的货物应点数，查看有效期。

③应在采购当天填写采购结算单，留底备查。

（四）炊事制作

①洗菜应用水洗三次，做到“一洗、二过、三漂”，净菜应用筐装好上架存放。

②切菜应有生、熟食品分开的措施，做到不混用菜刀、砧板，不混装、混放。

③烹饪应煮熟煎透，熟食应加盖或加纱罩。

④禁止在厨房外炊事作业。

（五）食品卫生与环境卫生

1. 严格把好食堂工作人员健康关

炊事员年度例行体检不合格的，应立即撤离炊事工作岗位。

2. 严格把好食堂采购关

做到过期食品不采购不验收，冒牌劣质产品不采购不验收，腐败变质食品不采购不验收。

3. 炊事人员应勤洗手

勤剪指甲，勤换衣。配餐时应戴工作帽，食品制作时应穿围裙，套袖套。

4. 原料应分类存放

生熟食应分开处理，工序间临时存放食品应加盖加罩，送餐应采用环保饭盒，剩余食品应冷藏保管。

5. 严格控制食堂场地和设备卫生

①餐前餐后应清扫餐厅，冲洗厨房制作间和配餐间。每周应进行“大扫除”，并进行药物消毒。

②每次使用食品加工机械和烹饪设备后，应及时清理干净。

③严格控制炊具、餐具卫生，做到不外借给他人使用，不随意调换功能使用。每次使用后，应用清洗剂加洁净水清洗干净，并进行高温消毒。

④严格控制食堂周边的环境卫生，定期灭鼠、灭蝇、灭蟑螂。垃圾应及时处置。

⑤当天用完的原料应留样本，每餐食品应留样本。样本应保留 24h，并确定无公共卫生事件发生，方可处置。

⑥用餐人员应将剩饭菜渣和饭盒放进垃圾箱或垃圾桶，以便集中处置。

（六）厨房安全

①厨房、仓库的钥匙专人保管，关门上锁要及时，严防因管理出现漏洞，发生盗窃、投毒事件。

②有气的燃气瓶与空瓶应有明显标识。

③使用中的燃气瓶与炉具之间应保持有足够的安全距离，炊事员离开厨房锁门时，应检查关闭燃气瓶阀门。

④禁止自行排渣、瓶对瓶过气、倒置气瓶和自行处理空瓶等一切不安全行为。

（七）环境卫生检查

①公司安全环保科、各分支机构、项目部环境负责人应对食堂进行定期巡视检查，发现问题及时解决。

②食堂环境卫生检查，每月一次，由公司安全环保科、各分支机构、项目部环境负责人或其指定人员召集。

八、废弃物管理措施

（一）废弃物的分类

1. 可回收废弃物

有利用价值或可再生的，如纸张、旧书刊、旧报纸、一次性口杯、废旧钢材、木材、废水泥、砼、砂浆碎块等。

2. 不可回收物

对人体危害不大，仅对环境产生影响的废弃物，如生活垃圾、施工废弃物（余泥、淤泥、养护用毛毡、塑料薄膜、办公废毛巾、办公废抹布）等。

3. 有毒有害废弃物

对人体产生危害的废弃物分为两类。

（1）可回收物

废机油、废汽油、废机油桶、废油漆桶、废油漆刷、废金属制品、废塑料制品、废电线、废电缆线皮、废劳保手套、废工作服、废安全帽、废安全带、废编织袋、废玻璃钢等。

（2）不可回收物

废炭粉、废橡胶材料、废电瓶、废胶片、废灯管、废启动液、废清洁剂、废电焊条、废医疗品、废电池、废软盘、废硒鼓、废脱模剂等。

（二）废弃物的处置

①项目部对可回收、不可回收废弃物进行分类，并设置箱（桶）进行分类堆入放，或指定堆放场所进行存放。

②项目部对有毒有害废弃物的要求。

A. 要对放置可回收和不可回收的有毒有害固体、液体废弃物的容器加盖，有毒有害的固体废弃物利用场地堆放的，应设置防护栏或加顶棚，有条件的应利用封闭和房屋、仓库等，防止因雨、风、热等原因而产生的二次污染。

B. 放置有毒有害废弃物的容器，并设有明显标识，以防止该废弃物的泄露、蒸发和与其他废弃物相混淆。

C. 化学危险废弃物需按照其特性进行分类放置，特别是性质相反的物质，不能混放，以免发生化学反应。

D. 项目部与施工队在施工和生活过程中，废弃物应按类别投入指定的箱（桶）或指定的堆放场地，禁止乱投乱放。放置非有毒有害废弃物的堆放场、容器内严禁放置有毒有害废弃物。

E. 有毒有害废弃物定期交分公司，分公司办公室（环保科）交有资质的部门（环保部门或有相关部门）进行处置。

F. 施工产生的淤泥、余泥，运至环卫部门指定的场所，养护用的毛毡一般可回收，进行二次利用。

G. 项目部环保人员要对施工现场及生活区域内废弃物进行有效监管，通过日常巡查和定期检查，及时发现废弃物管理中存在的问题进行跟踪整改。

（三）废弃物的运输

废弃物的运输应按规定要求选择具有相应资质的单位负责运输。特别是有毒有害废弃物的运输，还应对其是否具有该废弃物运营资质、运输设备、处理能力等要求进行调查确认，认可后应与其签订正式运输协议，明确职责和责任。

项目部与施工队自行运输废弃物的应经市环境卫生管理机构和有关部门批准，按环境保护标准进行废弃物的运输。

九、资源节约作业指导书

①分公司和项目部设立专（兼）职能源管理人员，对节约能源进行管理监督。

②在设备的选购和建造过程中，禁止选购使用国家明令淘汰的用能设备。

③停止使用国家明令淘汰的用能设备，并不得将淘汰的设备转让给他人使用。

④推广节能新技术、新工艺、新设备和新材料，限制或者淘汰的老旧技术、工艺、设备和材料，逐步实现电动机、风机、泵类设备和系统的经济运行。

⑤分公司和项目部采取多种形式对节约能源进行宣传教育，普及节能科学知识，增强全民的节能意识，在适当的地方张贴标语和宣传画，并设立节能标识。

⑥节约生产用水。

A. 生产现场要合理用水，应当采取循环用水、一水多用，在保证用水质量的前提下，提高水的重复利用率。

B. 各种水源的品质都必须符合适用对象的要求。

C. 施工现场用水设施的出口采用节水型阀门或水龙头控制，水管衔接要拧紧、绑牢，防止滴漏；用水要随用随开，随时关闭。

D. 有条件的施工现场设置沉淀池，以实现废水回收利用；清洗机械设备要注意节约用水，有条件地方的要使用节水枪。

E. 施工现场水池要防止被污染，同时，生产用水时，要防止污染环境。

⑦节约生产用电。

A. 施工现场要合理使用电能，并进行计量。

B. 施工现场的发电、输电及用电设施或设备要注意防护，定期检查，确保用电安全、无故障运行。

C. 施工现场的用电机具和设备根据施工需要随用随开，人离机停，禁止长时间空载运行。

D. 施工现场要合理配备照明灯具的数量和功率，根据需要开关。

⑧节约生产用油。

A. 生产用油包括各种燃油、润滑油、液压油。

B. 分公司、项目部根据施工生产情况，采购合格的油品，使用省油的设施。

C. 分公司、项目部建立油品采购、发放、领用、库存记录，逐一进行登记造册，按时计量。

D. 施工设备随开随用，禁止长时间空载运转，设备操作人员严格按安全技术规程使用设备，记录油料添加情况。

E. 及时检验施工设备使用油品的质量，出现不合格时，查找原因，维修保养，并及时更换，施工设备出现跑、冒、滴、漏等现象，及时处理；更换或添加油品时，换下的油品可根据情况发挥其应有的作用，废油料的处理必须符合环境保护以及其他有关法律法规等规定，严禁随意倾倒。

F. 根据设备运行时间和能耗，定期进行能源成本核算，找出原因并整改。

⑨降低型材、水泥、砂石料等主材损耗。

A. 型材的采购应适时适量，堆放应整齐平展，防止出现库存性损耗和增大加工工作量的情形。

B. 型材的下料提倡使用新技术的对接方式，防止出现端头废料浪费严重的情况，对暂用不上的余料应统一堆放或在工地之间协调使用。

C. 优化混凝土的配合比，提倡使用散装水泥。

D. 砂石料的堆放要避免雨水冲蚀和泥石流污染。

E. 严禁砂石料和成品混凝土运输中的乱洒现象。

F. 适时进行对混凝土搅拌设备和设备上计量器具的检查，防止机械故障造成的原料损失。

G. 进行模板设计，应使用钢模的部位绝对不使用木模；配木模时禁止长料短用，大材小用现象发生。

⑩办公用材降耗。

A. 尽量使用电子文件。

B. 在打印前文件须模拟显示，调整好格式后再行打印。

C. 使用双面打印和双面复印。

D. 使用过期文件或失效文件的反面打印临时性的草稿。

E. 所有提供外部施工设备、设施的（包括租赁、分包方、供方的），进入工作场所都必须遵守此规定。

第四节　水利建设工程文明工地创建管理办法

一、创建标准

（一）文明工地应当符合的标准

1. 质量管理

质量保证体系健全；工程质量得到有效控制，工程内在、外观质量优良；质量事故、质量缺陷处理及时；质量档案管理规范、真实，归档及时等。

2. 综合管理

文明工地创建工作计划周密，组织到位，制度完善，措施落实；参建各方信守合同，严格执行基本建设程序。全体参建人员遵纪守法，爱岗敬业；学习气氛浓厚，职工文体活动丰富；信息管理规范；参建单位之间关系融洽，能正确协调处理与周边群众的关系，营造良好施工环境。

3. 安全管理

安全生产责任制及规章制度完善；制定针对性及操作性强的事故应急预案；实行定期

安全生产检查制度，无生产安全事故发生。

4. 施工区环境

现场材料堆放、施工机械停放有序、整齐；施工道路布置合理，路面平整、通畅；施工现场做到工完场清；施工现场安全设施及警示标识规范；办公室、宿舍、食堂等场所整洁、卫生；生态环境保护及职业健康条件符合国家标准要求，防止或减少施工引起的粉尘、废水、废气、固体废弃物、噪声、振动、照明对人和环境的危害，防范污染措施得当。

（二）有下列情形之一的，不得申报“文明工地”

①干部职工中发生刑事案件或经济案件被判处刑法主刑的；干部职工中发生违纪、违法行为，受到党纪、政纪处分或被刑事处罚的。

②发生较大及以上质量事故或一般以上生产安全事故；环保事件。

③被水行政主管部门或有关部门通报批评或进行处罚的。

④拖欠工程款、民工工资或与当地群众发生重大冲突等事件，并造成严重社会影响的。

⑤项目建设单位未严格执行项目法人责任制、招标投标制和建设监理制的。

⑥项目建设单位未按照国家现行基本建设程序要求办理相关事宜的。

⑦项目建设过程中，发生重大合同纠纷，造成不良影响的。

二、创建与管理

①文明工地创建在项目法人（或建设单位，下同）党组织的统一领导下进行，主要领导为第一责任人，形成主要领导亲自抓，分管领导具体抓，各部门和相关单位齐抓共管，各参建单位积极配合，广大干部职工广泛参与的工作格局。

②项目法人应将文明工地创建工作纳入工程建设管理的总体规划，根据文明工地的创建标准，结合工程建设实际，制订创建工作实施计划，采取切实可行的措施，确保各项创建工作落到实处。

③开展文明工地创建的单位，应做到：组织机构健全，规章制度完善，岗位职责明确，档案资料齐全。

④文明工地创建应有扎实的群众基础，加强舆论宣传，及时总结宣传先进典型，广泛开展技能比武，文明班组、青年文明号、岗位能手等多种形式的创建活动。

⑤文明工地创建要加强自身管理，根据新形势新任务的要求，创新内容、创新手段、

创新载体。要搞好日常的检查考核，建立健全激励机制，不断巩固提高创建水平。

三、申报命名

按照自愿申报、逐级推荐、考核评审、公示评议、审定命名的程序进行。在上一届已被命名为文明工地的，如符合条件，可继续申报下一届。

（一）自愿申报

凡具备第六条条件且符合下列申报条件的水利建设工地，即：开展文明工地创建活动半年以上；工程项目已完成的工程量，应达全部建筑安装工程量的20%及以上，或在主体工程完工一年以内；工程进度满足总体进度计划要求的均可由项目法人按自愿原则申报。

申报文明工地的项目，原则上是以项目建设管理单位所管辖的一个工程项目或其中的一个或几个标段为单位的工程项目（或标段）为一个文明建设工地。

（二）逐级推荐

县级及以上水行政主管部门负责对申报单位进行现场考核，并逐级向上推荐。省、自治区、直辖市水利（水务）厅（局）文明办会同建管部门进行考核，本着优中选优的原则，向本单位文明委提出推荐（申报）名单。

流域机构所属的工程项目，由流域机构文明办会同建管部门进行考核，向本单位文明委提出推荐（申报）名单。

中央和水利部直属工程项目，由项目法人直接向水利部文明办申报。

（三）考核评审

水利部文明办会同建设与管理司负责组织文明工地的审核、评定，按照考核标准赋分；提出文明工地建议名单，报水利部精神文明建设指导委员会（以下简称“水利部文明委”）审定。

（四）公示评议

水利部文明委审议通过后，在水利部相关媒体上进行为期一周的公示，接受公众监督。公示期间有异议的，由水利部文明办会同建设与管理司组织复核。

（五）审定命名

对符合条件的“文明工地”工程项目，由水利部文明办授予“文明工地”称号。

四、奖惩

①文明工地由水利部文明办颁发奖牌和证书。

②对文明工地以精神奖励为主，物质奖励为辅。获得文明工地称号的单位，可参照其所在地地市级文明单位奖励的规定，予以奖励。

③文明工地荣誉称号可作为水利建设市场主体信用等级评价的得分条件。

④凡发现有第七条情形之一的，撤销其文明工地荣誉称号，且该工程不得参加下一届文明工地申报。

五、标准化、规范化安全文明施工现场管理实施方案

（一）从合同文本入手，探索量化管理新思路

量化管理的前提是合同文本。用通俗的语言说，就是建设单位（项目法人）在组织编写招标文件时，把自己想要达到的建设管理目标通过详细的合同条款体现在招标文件中。在现行招标文件技术条款“一般规定”中增加“安全文明施工”章节，同时在商务文件“工程量清单”中列细项，并要求投标单位根据自己对招标文件的理解和工程安全文明施工的需要作补充。在此基础上由投标单位在业主确定的一定幅度内确定各子项报价。

1. 安全文明施工基础设施项目

这里主要是指工程开工初期为满足工程安全文明施工需要而实施的临时性工程项目，应该与现行招标文件中“临时设施”章节和相应的工程量清单相区别。例如：职工宿舍、泥结碎石道路属正常施工所必须的项目，而文化体育娱乐设施、混凝土道路属满足安全文明施工所需要的项目。从另一个角度说：“临时设施”项目是“必须”的，个数多少与工程大小、工期长短关系不大，仅规模不同；而“安全文明施工基础设施项目”是“需要”的，内容应区别工程大小、工期长短和创建文明工地期望达到的水平确定。现行招标文件工程量清单“临时设施”中为保证正常施工和工人生活所必须的生产、生活项目内容仍列为“临时设施”，其他为满足安全生产、文明施工、工人健康生活所需要的内容列为“安全文明施工基础设施项目”，并根据需要补充若干细项。在编写“安全文明施工基础设施项目”时，应特别注意针对现行工程建设中安全文明施工方面的薄弱环节和常见问题提出项目要求。

2. 安全文明施工过程控制项目

主要指永久工程施工过程中为确保安全文明施工需要而实施的项目，根据拟招标的工

程项目性质、规模、内容确定。可以按工程项目的施工过程划分若干阶段性控制要素，也可以按工程项目工序内容划分若干控制范围。如基坑降排水及安全围护、脚手板搭设及安全网围封、施工通道及临边洞口防护、安全用电及施工照明、成品保护及工作面清理、安全警示、环境保护、食堂卫生等。招标文件中对安全检查考核的标准、频次、方法要给予明确，要将“安全文明施工过程控制项目”中的相关内容与工序质量控制内容一并查验，明确未经检查验收合格并签署书面意见，不得进入下一道工序施工。要通过规范化管理下决心解决水利工程施工中的粗放管理、平时脏乱差、临时突击清理打扫的陋习。要把安全文明施工的相关项目和工作内容与计量支付量化挂钩，促使施工单位主动加强管理。

3. *安全文明施工管理及绩效考评项目*

这里侧重于对施工单位的安全文明施工管理的检查、考核，包括专兼职安技人员配备、安全教育培训、持证上岗、危险源控制、安全自查及安全检查所提问题的落实整改等动态管理内容和上级有关部门对工程项目安全文明施工管理的评价（包括检查、稽查、文明工地评选等），具体内容能量化的尽可能量化，并与费用挂钩。考评达不到分值要求的扣罚施工单位相关经费，管理成效明显经考评符合相应条件的，给施工单位予以奖励。

（二）严格过程控制，推行规范化管理

标准化、规范化管理的前提是标准，但更重要的是通过严格的过程控制确保符合标准，以实现规范化管理的目标。必须明确安全文明施工的检查程序、检查内容，并与经费挂钩。究其原因，既有合同不完善的一面，也有监控不力的一面。“安全文明施工基础设施项目”基本上都是总价项目，实施过程中监理必须对照合同项目严格考核有无保质保量全部完成，否则该项报价应部分或全部不予计量支付。

推行标准化、规范化管理，不仅要看初期投入、环境状况，更要特别注重施工过程中的安全防护、安全文明措施和安全文明行为。施工单位进场以后，必须根据施工图和现场实际情况对投标文件中的“安全文明施工过程控制项目”进一步细化后报监理批准。监理要制定针对性的检查、考核细则报建设单位批准后实施。在动态检查、考核的基础上对相应子项费用分期支付，全部完成后结清。不满足合同条件的不予支付。

（三）推行激励机制，全面提升管理水平

试行安全文明施工风险基金制度，具体奖惩办法由建设单位和施工单位签订。施工单位的现场项目经理部在取得第一次工程预付款时交纳一定数额的安全文明施工保证金，建设单位从合同备用金中提取相等数额的安全文明施工奖金，合并组成安全文明施工风险基

金由建设处专户存储。40%的风险基金用于施工过程中“安全文明施工管理及绩效考评项目”的检查、考核兑现，20%的风险基金奖励水利系统文明工地，20%的风险基金奖励省、市级文明工地，工程结束未发生生产安全事故奖励20%的风险基金。

安全文明施工的责任主体是施工单位，建设单位和监理单位主要起监管作用。要通过动态管理和激励机制，推动和促进施工单位增加安全文明施工投入，强化安全文明施工管理，全面提升安全文明施工管理水平。

第四章　水利工程管理的现代信息化建设

第一节　水利工程管理信息化的概念与需求分析

一、水利工程信息需求特性

水利工程管理信息化是在数字水利战略模式下的数字水利工程的表征，它是水利工程内部与其所处的社会、经济、自然和环境系统之间能够有效获取、无差错传递、自动处理和智能识别相关信息的动态、适时虚拟模拟现实与直接参与管理相结合的综合信息系统。它是以卫星通信技术、3S 技术、数据库技术、宽带传输技术、网络技术、跨平台操作系统等高技术为支撑的，以信息经济学、工程经济学、信息工程学、水资源管理、社会水利等多学科为基础的综合系统。从以上对水利工程信息化建设管理业务内容来看，这种信息具有以下特性：信息需求的多样性、多层次性和交错性。

所谓信息需求是指外部环境对一个信息系统输出的要求，即满足信息系统服务对象需求的要求。水利工程信息化必须满足社会、环境以及水利工程自身建设对适时、综合的多元信息需求，为国家宏观决策或微观水利工程项目管理提供科学依据，这也是水利工程信息化建设的基本目标。由于水利工程处于开放环境，是一个复杂系统工程，其服务对象是多元、多维、多层次的，因此，它们对水利工程信息系统的信息需求也是多方面的，它涉及人口、社会、环境、资源、科技、政策等方面的内容。这些信息需求呈现出多样性、多层次性和交错性等复杂特性。从这一点看，水利工程信息系统与一般管理信息系统有很大不同。其信息需求可分为以下类型：资源信息需求、环境信息需求、技术信息需求、社会信息需求、经济信息需求、管理信息需求等。显然，如此多种多样的信息需求既是水利工程信息化建设的基本目标，也对水利工程信息化提出了全新的技术要求。

二、水利工程信息化标准建设需求

水利工程信息化标准化是制定、贯彻和实施水利工程信息化的过程在水利工程信息化建设过程中，如何保证信息化基础设施建设的优质高效信息网络的无缝连接和各信息系统间的互联互通和互操作，如何有效地开发和利用信息资源、实现水利资源信息的共享，并且保证信息的安全与可靠等，是水利工程信息化建设必须面对的关键问题，标准化是解决上述问题、提高水利工程管理工作效率和水平的基本手段。因此，认真规划、制定、贯彻和实施水利工程信息化的各项标准是水利信息化的前提。水利工程信息化建设进行标准研究的主要优点如下。

第一，可移植性。

为了获得在硬件、软件和系统上的综合投资效益，建成的各类水利工程系统必须是可移植的，使所开发的应用模块和数据库能够在各种计算机平台上移植。

第二，互操作性。

大型的信息系统，往往是一个由多种计算机平台组成的复杂网络系统。有了标准，可以促进用户从网络的不同节点上获取数据，即从不同硬件环境中获取数据和实现各种应用。

第三，可伸缩性。

为了适应不同的项目和应用阶段，使建成的各类系统必须以相同的用户界面在不同大小级别的计算机上运行。

第四，通用环境。

标准提供一个通用的系统应用环境，如提供通用的用户界面和查询方法等。利用这个通用环境，用户可以减少在学习上的弯路和提高生产效率。

（一）数据管理方面

水利资源数据是水利工程管理信息化需要的主要基础数据。我国采集该类数据主要方法技术有：实地测量、目测以及两者的结合；航空测量、实地测量以及两者的结合；卫星遥感和航空相片与实地辅助测量相结合；遥感（RS）、全球定位系统（GPS）、地理信息系统（GIS）与实地测量相结合。在数据采集面所涉及标准有地理数据标准、遥感数据标准、水利资源专用数据标准（包括类调查数据标准、三类调查数据标准等）、统计报表标准、制图标准、文档标准等。在数据管理方面所涉及其他标准还包括分类与编码标准、数据备份标准、数据更新和维护标准、数据质量管理标准、数据交换与服务标准、数据集成标准等。

（二）信息系统建设方面

考虑到我国水利工程管理信息化建设的最主要工作就是搭建相应的信息系统平台，而且这些信息系统大都是多层次的体系结构。信息系统建设方面所涉及的标准有数据库标准（包括数据库建库标准、数据库口标准等）、硬件标准（包括各级计算机系统的设备配置与要求、计算机场地环境等）、软件标准（包括水利工程项目管理信息系统的基本软件功能、软件评审、测试、通用接口等）、系统安全标准（包括数据库安全、数据加密、数据备份等）、软件工程标准（包括信息系统建设规范、验收规范等）。

（三）管理规定方面

管理规定主要包括与水利工程项目管理相关的水利管理规定，如水利工程管理规定、水利规划设计规定、水利档案管理规定、水利监测评价指标、水利项目管理文件组成等。

三、水利工程数据采集信息化需求

（一）数据采集信息化的意义

随着“数字水利”建设的深入，水利工程管理日趋向电子化、数字化方向发展。同时，随着“3S”技术在水利应用上的日益广泛，其对水利资源监测结果以大批量的数据形式存放，监测数据汇总积累将是海量数据。水利信息日新月异，对水利资源的变化进行动态监测和对有关资料信息进行及时更新已势在必行。所以我们在水利工程信息化建设过程中时，要充分考虑数据采集技术重要作用，采用高新的技术手段，如运用先进的遥感技术、全球定位技术等使水利工程管理信息系统的数据来源多样化，及时准确地实现水利资源的动态管理。因此，在水利工程管理中，进行信息化研究的一个重要问题是如何实时、准确地为各种信息平台提供各种管理信息数据。当然，数据采集信息化并不等于自动化，水利工程中还有很多无法通过机械化工具实现信息化，比如工程建设中的社会经济信息数据，水利资源数据采集过程中仍然需要人工的辅助等。因此，这里所说的采集信息化是相对而言的，只是借助于信息技术手段尽可能减少人工劳动。

（二）数据采集信息化的研究内容

1. 遥感动态监测

遥感动态监测数据是进行水利资源数据更新的有效数据源，因此需要进行方位多时段的实时数据采集。开展土地遥感自动解译的研究，能提高数据更新度，为经济发展需要服务。

2. GPS 定位技术

GPS 可以为用户提供三维的定位，它能独立、迅速和精确地确定地面、点位置。GPS 可为水利资源监测提供大量的空间数据，因此需要研究 GPS 定位技术提高数据采集精度，水利资源数据更新服务。

3. 数据矢量化

栅格形式的各种水利数据，不能有效地在 GIS 上进行空间分析。因此，需进行数据矢量化工作，使水利资源相关数据为 GIS 空间分析所用，从而进行专题数据服务。

四、水利工程信息社会经济环境服务信息化

（一）社会经济环境服务信息化的意义

以往信息服务主要通过图书馆、资料馆的手工借阅以及纸介质信息产品的销售方式进行。随着信息技术的发展，特别是网络技术、元数据技术和光存储术的开发和应用，信息服务的方式已发生了革命性变化。网络技术，特别是互联网的发展，为在世界范围内发布信息提供了基础设施。元数据技术已成为在浩瀚如海的信息资源中有效地寻找、存取所需信息的重要技术手段。而光存储技术的应用，特别是 CD/DVD-ROM 在网络带宽不够、传输海量信息有困难的情况下，是对网络信息服务的一种补充，而且是与没有联网地区的用户进行信息交换和信息发布的重要手段。现代通信技术克服了时间和空间的局限性，使得人们在广域范围内随时随地获取和交流信息成为可能。现代计算机延伸了人类大脑的功能，把大批量、高速度加工处理和存取信息变成现实；计算机、通信与媒体技术的相互渗透和融合，更使通信网络和计算机的功能倍增，从而大大拓宽了信息的应用范围，提高了信息的使用价值。

随着信息化的逐步深入发展，水利管理系统积累了大量丰富翔实的数据资料。为推动信息技术、信息资源在国家宏观决策和为广大民众服务的作用，必须全面推进信息资源在政务管理和社会化服务中的广泛应用，充分利用在水利建设和管理长期以来所取得的丰富数据和有关成果资料。针对水利工程管理信息具有基础性、公益性、时空定位性、动态变化性的特点，且数据海量、结构复杂、信息来源多、空间分布存储，信息交换体系的建立是实现水利工程建设管理数据共享和信息资源在管理决策与服务中发挥重要作用的必要技术途径。水利工程管理信息交换体系的框架可以是数据在国家级、省级、市级、县级局域网环境下的数据中心存储和管理，而不同级别的政务管理信息系统和信息服务系统以相应

的数据中心为支撑，以建立不同级数据中心之间的连接，形成纵横交错的网络体系和在其上运行的多级数据中心共同支撑政务管理信息系统和信息服务系统。

（二）社会经济环境服务信息化的主要内容

水利工程信息共享服务涉及多种资源数据结构和多个网络平台，数据资源包括水利资源信息、地理空间资源信息、建设管理信息，覆盖国家级、省级、地市级、县级各单位数据网络平台，要集中如此多方面信息内容，必须有一个统一的信息共享平台。实现各方面、各部门的信息资源统一接口，为水利信息的综合开发利用打下一个坚实的基础。信息共享平台的建立包括以下几方面内容。

1. 共享网络体系的建立

在现有网络系统结构的基础上，结合自然资源部门的网络系统实际现状，建立一个覆盖全国的共享网络体系，实现共享服务平台的流通渠道。共享网络体系包括一个国家级的数据中心结点和地方各级的分布式数据。通过共享网络体系的建设，能够满足共享数据的收集、管理、开发、发布及各级用户浏览、查询、下载的流通需要。

2. 数据整合机制

对不同来源的异质异构空间数据的整合是共享服务平台的主要任务之一，也是实现共享服务平台的一个技术难点。从国家的宏观战略角度考虑，很多部门更需要针对某一专题的综合型数据，这就涉及数据整合的问题，通过对基于某要素的信息提取、融合、支持大数据量、多数据集的空间查询、分析、满足决策支持模型的应用。

3. 基于水利信息化的延伸需求

水利工程建设作为水利建设的主体，应用先进技术，开展水利资源信息交换服务体系建设，形成水利资源信息交换体系。构筑水利工程的信息开发利用的框架模型研究水利资源信息处理与管理、整合与集成、可视化与虚现实、智能决策、交换与共享等关键性技术，形成水利资源、信息资源增值服务技术支撑体系，加强水利资源信息开发与利用标准的研制、贯彻与应用，开展水利信息分类与编码、数据库、元数据、信息交换、数据采集、数据建库等相应的标准和规范的制订，形成信息资源开发应用标准体系，加快水利信息管理、共享政策与制度的制定，建立水利信息化管理与建设体系。

第二节　水利工程管理信息化建设的理论体系

一、水利工程管理信息化基础理论

（一）水利工程信息学理论

信息是客观存在的一切事物通过物质载体所发出的消息、情报、指令、数据、信号中所包含的一切可传递和交换的知识内容，是人和外界互相作用的过程中互相交换的内容和名。当生产水平发展到一定阶段时，信息要素的作用就会日益突出，成为重要的生产核心资源。信息学是以信息论为基础，并与电子学、计算机和自动化技术、生物学、数学、物理学等科学相联系而发展起来的，它的任务是研究信息的性质，研究机器、生物和人类对于各种信息的获取、变换、传输、处理、利用和控制的一般规律，提高人类认识世界和改造世界的能力。

信息学理论在人类信息活动的实践中产生、发展，又反过来应用于人类信息活动实践。其信息检索、信息计量、信息咨询等基本理论，以及信息产生、信息排序、信息传递、信息增值等基本原理，对于一切信息管理都有着普遍的指导意义。信息学理论是构建水利工程信息化理论体系的基石。

在水利工程管理信息化建设中，信息资源开发利用、信息流通、信息存储、信息查询、信息服务经营、信息产业等，体现着信息学相应理论在信息活动中的作用和应用。深入理解信息学基本原理，并借此吸收并消化信息学理论，不仅会不断丰富水利工程管理信息化建设理论体系，而且便于利用信息学的认识手段强化水利工程信息化建设。

（二）水利工程信息系统理论

系统科学作为科学技术综合发展的产物，是将整体作为研究对象，研究系统内部诸要素之间及系统外部环境之间的联系和表现的科学。水利工程管理信息化工作的管理对象处于不同层次的系统之中，系统内部结构、法则、功能与行为之间存在内在联系，系统之间也存在着相互联系和相互作用。

水利工程作为一个多层次多要素复杂开放的系统，其整体性、结构性、层次性、功能性、相关性、有序性、稳定性、动态性和开放性等特征的描述，系统整体与局部、局部与局部相互依赖、相互结合、相互制约的关系的认识，系统发展和运动规律的揭示，都需要运用系统论的整体性和层次性、结构性和功能性、运动性和静止性、作用和反作用、系统和环境、现状和目标等原理及方法，从宏观和整体上对水利工程信息化工作进行考察，把各要素和子系统的功能有机地综合，使它们相互协调，减少内部抑制，增大相互增益，以实现水利工程管理的整体功能的最优化，这也正符合了可持续发展理论所要求的综合效益最大的目标。因此，以信息系统论为指导，把水利工程管理看作是一个信息流动的系统，通过对系统中的信息流程的分析和处理，建立水利工程管理信息化的整体方案并应用于实践，将会使水利信息化工作与社会大系统环境更相适应并协调发展。一个完整、有序、健康的水利工程信息主体取决于其系统内部和外部诸多要素的稳定关系，以及这些要素关系的相互作用、相互影响和相互制约。系统应在保障水利工程信息主体信息流平稳运行的基础上，其功能和结构上表现出很强的能共享、可反馈、抗干扰、可扩展能力。因此，水利工程信息系统理论是分析水利工程管理信息化建设中内部功能结构、内部与外部环境交互功能的基础理论。

二、水利工程管理信息化主体理论

（一）水利工程 3S 技术

3S 技术通常指地理信息系统（GIS）、全球定位系统（GPS）和遥测技术（RS）的统称，是空间技术、传感器技术、卫星定位与导航技术和计算机技术、通讯技术相结合，多学科高度集成地对空间信息进行采集、处理、管理、分析、表达、传播和应用的现代信息技术，在水利行业中有着广泛的应用。水利部提出了“以信息化带动水利现代化”的目标，而 3S 技术是信息化的重要基础，因此 3S 技术必将在水利现代化中起着至关重要的作用。

1. GIS 在水利系统中的应用

地理信息系统是以地理空间数据库为基础，在计算机硬、软件环境的支持下，运用系统工程和信息科学的理论，科学管理和综合分析具有空间内涵的地理数据，以提供对规划、管理、决策和研究所需信息的空间信息系统，对空间相关数据进行采集、管理、操作、分析、模拟和显示，并采用地理模型分析方法，适时提供多种空间和动态的地理信息，为地理研究、综合评价、管理、定量分析和决策服务而建立起来的一类计算机应用系统。

（1）GIS 在水利工程管理工作中的应用

水利水电工程建设与管理是一项信息量极大的工作，涉及水利工程前期工作审查审批状况、投资计划情况、建设进度动态管理、工程质量、位置地图检索、项目简介、照片、图纸等一系列材料的存储、管理和分析，利用 GIS 技术可以把工程项目的建设与管理系统化，把水利工程建设情况进行实时记录，使工程动态变化能够及时反映给各级水利行政主管部门。还可以对河道变化进行动态监测，预测河道发展趋势，可为水利规划、航道开发以及防灾减灾等提供依据，创造显著的经济效益。

利用 GIS 技术、三维可视化技术构建三维工程模型中，建筑物之间的空间位置关系与实地完全对应，而且任意点的空间三维坐标可以测量，是真实三维景观的再现。这项技术的应用将使工程的设计和模型建立等方面更加科学、准确。

（2）GIS 水利工程管理应用效益

应用地理信息系统之后完成各项任务与传统的方法相比，显示了许多优性，具体说来，水利 GIS 的优越性可以概括如下。

①可以存储多种性质的数据，包括图形的、影像的、调查统计等，同时易于读取、确保安全。

②允许使用数学、逻辑方法，借助于计算机指令编写各种程序，易于实现各种分析处理，系统具有判断能力和辅助决策能力。

③提供了多种造型能力，例如覆盖分析、网络分析、地形分析，可以用来进行土地评价、土壤侵蚀估计、土地合理利用规划等模式研究，以及用来编制各种专题图、综合图等等。

④数据库可以做到及时更新，确保现时性。用户在使用时具有安全感，保证不读漏数据，处理结果令人信服。

⑤易于改变比例尺和地图投影，易于进行坐标变换，平移或旋转、地图接边、制表和绘图等工作。

⑥在短时间内，可以反复检验结果，开展多种方案的比较，从而可以减少错误，确保质量，减少数据处理和图形化成本。

2. GPS 系统在水利工程系统中的应用

（1）地形测绘

传统的地形测绘，基于测绘仪等基本测绘工具和测绘人员艰辛而繁重的工作，其实际效果常因测量工具误差、天气情况变化等诸多影响因素而不甚令人满意。特别是在水利工程中，相关的地形勘测是进一步设计论证的重要前提，但常常因地势地形因素，给实际工作带来相当的麻烦。一个较为先进的方法是采用航空测绘，即通过航空器材从空中摄影绘图进而完成地形测绘，但此方法的显著缺点是大大增加了测绘成本，因此在实际工程中远远未得到推广。GPS 全球卫星定位系统，为我们打开了解决该问题的新思路。

测绘的关键问题是找到特定区域的重要三维坐标：纬度、经度和海拔高度。而这三个数据均可直接从一部 GPS 信号接收机上直接读出。GPS 测绘方法还具有成本低廉、操作方便、实用性强等优点，并且与计算机 CAD 测绘软件、数据库等技术相结合，更可实现高程度的自动测绘。

（2）截流施工

截流的工期一般都比较紧张，其中最难的是水下地形测量。水下地形复杂、作业条件差，水下地形资料的准确性对水利工程建设十分重要。传统测量采用人工采集数据，精度不高、测区范围有限、工作量大、时间上不能满足要求，而 GPS 技术能大大提高数据精度、测区范围等，保证施工生产的效率，保证顺利进行。利用静态 GPS 测量系统进行施工控制测量，选点首先考虑控制点能方便施工放样，其次是精度问题，尽量构成等边三角形，不必考虑点和点之间的通视问题。另外，用实时差分法 GPS 测量系统可实施水下地形测量，系统自动采集水深和定位数据，采集完成后，利用后处理软件，可数字化成图。在三峡工程二期围堰大江截流施工中，运用 GPS 技术实施围堰控制测量及水下地形测量，并取得了成功。

（3）工程质量监测

水利设施的工程质量监测是水利建设及使用时必须贯彻实施的关键措施。传统的监管方法包括目测、测绘仪定位、激光聚焦扫描等，而基于 GPS 技术的质量监测是一种完全意义上的高科技监测方法。专门用于该功能的 GPS 信号接收机，实际上为一微小的 GPS 信号接收芯片，将其置于相关工程设施待检测处，如水坝的表面、防洪堤坝的表面、山体岩壁的接缝处等，一旦出现微小的裂缝、开口，乃至过度的压力，相关的物理变化促使高精度 GPS 信号接收芯片的纪录信息发生变化，进而将问题反映出来。若将该套 GPS 监测系统与相关工程监测体系软件、报警系统联系结合，即可实现更加严密而完善的工程质量监测。

3. RS 技术在水利系统中的应用

遥感技术是一门综合的技术，它是利用一定的技术设备系统，在远离被测目标处，测量和记录这些目标的空间状态和物理特性。从广义上来讲，可以把一切非接触的检测和识别技术都归入遥感技术。如航空摄影及像片判读就是早期的遥感手段之一。现代空间技术光学和电子学的飞速发展，促进了遥感技术的迅速发展，扩大了人们的视野，提高了应用的水平。

（1）RS 技术在水利规划方面的运用

水利规划的基础是调查研究，遥感技术作为一种新的调查手段与传统的手段综合运用，能为现状调查及其变化预测提供有价值的资料。现行水利规划的现状调查主要依靠地形图资料及野外调查，如果地形图资料陈旧，则需要耗费大量人力、物力和时间，重新测绘。卫星遥感资料具有周期短、现实性强的特点，北方受气候条件影响较小，很容易获得近期的卫星图像，即使在南方一般每年也可以得到几个较好的图像。根据卫星相片可以分析判断已有地形图的可利用程度，如果仅仅是增加了若干公路和建筑物，就可以只作相应的修测、补测或直接利用卫星相片作为地形图的替代品或补充。

水资源及水环境保护是水利规划的一项重要内容，可利用卫星遥感资料对水资源现状及其变化做出评价。首先，利用可见光和红外线波段的资料探测某些严重污染河段及其污染源，可见光探查煤矿开采和造纸厂排废造成的污染；红外波段探查热废水排放造成的污染。其次，结合水质监测数据进行水环境容量评价，确定允许河道的水容量，再根据污染物的组成及含量测定值确定不同季节的允许排放量。利用卫星遥感资料及其处理技术，可以确定不同时期的水陆边界及水域面积，因而可以把地形测量工作简化为断面测量，从而节省工作量与经费。

（2）RS 技术在水库工程方面运用

水库工程是水利建设的一项重要内容，不论防洪、发电、灌溉、供水都离不开水库工程建设。水库工程论证一般包括问题识别、方案拟定、影响评价、方案论证等几部分。论证的重点一般包括水库任务、工程安全、泥沙问题、库区淹没、生态环境评价、工程效益分析评价等。卫星遥感技术在水库淹没调查和移民安置规划方面，尤其具有应用价值和开发潜力。规划阶段的水库淹没损失研究一般利用小比例尺地形图作本底，比较粗略，且由于地形图的更新周期长，一般需要进行相当规模的现场调查进行补充修改。如果利用计算机分类统计等技术，可以显著提高工作效率和成果的宏观可靠性。在规划以后阶段的工作中，利用红外线或正色航空像片制作正射影像图进行水库淹没损失调查，避免了人为因素的干扰，使成果具有最高的权威性，已得到越来越广泛的使用。

（3）RS 技术在河口治理方面运用

河口治理的目标一般是稳定河床和岸滩，顺利排洪、排涝、排沙，保护生态，改善水环境等。多河口的河流要求能合理分水分沙，通航河流还要求能稳定和改善航道，有效治理拦门沙，这就需要大量的、全面的与区域性的（包括水域和陆地，水上和水下）地形、地质、地貌、水文、泥沙、水质、环境及社会经济调查工作，而卫星遥感技术可为自然和社会经济调查提供大量信息。

河口卫星遥感的基本手段是以悬浮泥作为直接或间接标志。通常选择合适的波段进行图像复合，经过计算机和光学图像处理和增强，突出浮泥沙信息，抑制背景信息和其他次要信息，以获得某一水情下的泥沙和水的动力信息。经过处理的图像上悬浮泥沙显得非常清晰、直观、真实，通过研究河流的悬浮泥沙与滩涂现状、演变、发展，为治理河口提供比较真实的资料。

（二）网络技术

网络技术是从20世纪90年代中期发展起来的新技术，它把互联网上分散的资源融为有机整体，实现资源的全面共享和有机协作，使人们能够透明地使用资源的整体能力并按需获取信息。资源包括高性能计算机、存储资源、数据资源、信息资源、知识资源、专家资源、大型数据库、网络、传感器等。

当前的互联网只限于信息共享，网络则被认为是互联网发展的第三阶段。网络可以构造地区性的网络、企事业内部网络、局域网网络，甚至家庭网络和个人网络。网络的根本特征并不一定是它的规模，而是资源共享，消除资源孤岛。网络技术具有很大的应用潜力，能同时调动数百万台计算机完成某一个计算任务，能汇集数千科学家之力共同完成同一项科学试验，还可以让分布在各地的人们在虚拟环境中实现面对面交流。

计算机网络技术的广泛运用，使得水利等诸多行业向高科技化、高智能化转变，涉及水利工程的各项管理工作（诸如水文测报、大坝监测、河道管理、水质化验、流量监测、闸门监控等方面）的计算机运用得到了快速、有效的发展。收集这些信息，加工处理成为可读、可用的信息，快速地传递到决策者的办公室就要利用网络技术，同样决策者的意图也要利用网络技术快速传递给执行者。因此在水利工程管理单位建设网络系统，收集与该单位相关的管理信息，进行决策和反馈执行情况是非常必要的。

1. 网络拓扑结构

系统建设坚持了实用、先进、安全可靠、开放、灵活的原则，采用垂直和水平布线、星形以太网结构。其中公文处理系统采用两台HP服务器，安装了办公自动化软件，配置一个磁盘阵列柜和双机热备份系统软件。磁盘阵列采用RAID元余容错技术和双机热备份软件内含的监视、判断及作业转移功能，保证了数据安全可靠，使系统不因单台服务器故障而中断服务。同时，外置的磁盘阵列柜，在很大程度上拓展了计算机网络系统的硬盘存储空间。主干交换机使用一台支持第三层交换的Catalyst2948，用来连接HP服务器、管理站及分支交换机；分支交换机使用Catalyst1924，实现10M连接到桌面；在网络上配置一台CISCO路由器，通过桢中继、PSTN使整个网络与其他各单位实现远程互联；安装一套CISCO防火墙隔离来自广域网上各站点可能的攻击，保证内网系统及数据安全。

2. 网络化构成

例如，某水库建立的系统结构，采用的分散采集、集中管理的网络系统。其中子系统包括：水文预报子系统、大坝监测子系统、河道管理子系统、水质监测子系统、闸门监控子系统、政务处理子系统等。各子系统分别通过一台计算机（可以是独立服务器）处理各自采集来的数据，自行处理以后将处理成果存入各自子系统，同时递交给上层网络中的服务器，这样系统信息就可以通过子系统中心计算机（独立服务器）或上层网络中心服务器将各种信息发布到网络中的各个工作站。其中上层网络采用星形总线结构，包括服务器和诸多工作站，下层网络采用星形结构，各子系统分别采集各遥测站点的数据。

3. 信息采集、处理与发布

建立了网络系统以后，重要任务就是实现信息收集，只有将关于水利工程管理的原始信息收集起来，才能进行后续的数据分析处理工作。原始信息是水利工程管理工作开展的重要因素之一，只有准确地、及时地收集了这些信息，才有可能进行信息分析和处理，做出正确的结论，并发布正确指令。水利工程主要原始信息包括：水文信息、大坝运行信息、河道管理信息、水质化验信息、闸门监控信息等。需要指出的是，信息的采集也包括日常工作中的政务信息。

水利工程管理单位将所有的信息收集到网络管理中心的服务器之后，通过网络数据库管理软件进行分析、处理，对其合理性进行判断，并根据计算处理以后的成果，进行运行方案的制定、指令执行情况反馈等，最后网络中心所产生的信息成果通过网络向主管机关或相关部门发布，充分发挥网络技术在水利工程管理单位运用中所带来的社会效益。

（三）数据库技术

新一代数据库技术的特点提出对象模型与多学科技术有机结合，如面向对象技术、分布处理技术、并行处理技术、人工智能技术、多媒体技术、模糊技术、移动通信技术和GIS技术等。

数据库管理系统（Database Management System，DBMS）是辅助用户管理和利用大数据集的软件，对它的需求和使用正快速增长。

1. 水利信息数据库在水利信息化管理中的应用

水利信息数据库在水利信息化管理中的应用，主要体现在以下几个方面。

（1）水利工程基础数据库

①河道概况：河道特征、河道断面及冲淤情况、桥梁等。

②水沙概况：水沙特征值、较大洪水特征值、水位统计及洪水位比较、控制站设计水位流量关系等。

③堤防工程：堤防长度、堤防标准、堤防作用、堤防横断面、加固情况、涵闸虹吸穿堤建筑物、险点隐患、护堤（坝）工程等。

④河道整治工程：干流险工控导工程状况、支流险工控导工程状况、险情抢险等。

⑤分滞洪工程：特性指标、水位面积容积、堤防、分洪退水技术指标、滞洪区经济状况、淹没损失估算、运用情况等。

⑥水库工程：枢纽工程、水库特征、主要技术指标、泄流能力、水位库容及淹没情况等。

（2）水质基础数据库

完成数据库表结构的设计，在整编基础上，逐步形成包括基本监测、自动监测和移动监测等水质数据内容的水环境基础数据库，开发数据库接口程序和服务软件，为水资源优化配置、水资源监督管理、水资源规划和科学研究提供水环境基础信息服务。

（3）水土保持数据库

规范数据格式，完成数据库表结构设计，逐步建立包括自然地理、社会经济、土壤侵蚀、水土保持监测、水土流失防治等信息的水土保持数据库。

（4）地图数据库

采用地理信息系统基础软件平台，对数字地形图进行数据入库，建立地图数据库。要求地图数据库具有各种比例尺地形图之间图形无缝拼接、图幅漫游、分层、分要素显示、输出等 GIS 基本功能。

（5）地形地貌数字高程模型

利用地形图地貌要素或采用全数字摄影测量的方法，生成区域数字高程模型，直观表示地形地貌特征，并利用 DEM 进行各种分析计算，如冲淤量计算、工程量计算、库容计算、断面生成以及洪水风险模拟、严密范围分析等。

（6）地物、地貌数字正射影像

对重点区域、重点河段进行航空摄影成像，采用全数字摄影测量系统，编制数字正射影像图，清晰、直观表示各种地物、地貌要素。

（7）遥感影像和测量资料数据库

收集卫星遥感影像，编制区域遥感影像地图并建立遥感影像数据库。根据不同时期的遥感影像，反映全区域治理开发成果，实现对本地区的动态监测。测量资料数据库包括各等级控制点、GPS 点、水准点资料，表示出点名、点号、等级、坐标、高程及施测单位、施测日期等。

2. 建立在工程数据库管理平台基础上的水利工程建设管理信息化系统

数据结构决定软件开发模式是信息技术应用的普遍共识，诸如工程建设规划管理系统、工程进度仿真分析系统、工程质量管理系统、工程合同管理系统、工程概预算管理系统、工程材料管理系统、工程移民管理系统、工程档案信息系统、工程信息发布系统等。这些专业化管理均与工程数据紧密相关。因此，信息化建设首先应按照“数据统一管理、信息资源共享”的原则进行数据库结构设计，再组织各类专业信息系统开发。

（四）中间件技术

1. 中间件定义及分类

中间件（Middleware）是处于操作系统和应用程序之间的软件，是一种独立的系统软件或服务程序，也有人认为它应该属于操作系统中的一部分，分布式应用软件借助这种软件在不同的技术之间共享资源。中间件位于客户机/服务器的操作系统之上，管理计算机资源和网络通信，是连接两个独立应用程序或独立系统的软件。相连接的系统，即使它们具有不同的接口，但通过中间件相互之间仍能交换信息。

中间件技术是为适应复杂的分布式大规模软件集成而产生的支撑软件开发的技术，其发展迅速，应用愈来愈广，已成为构建分布式异构信息系统不可缺少的关键技术。执行中间件的一个关键途径是信息传递，通过中间件，应用程序可以工作于多平台。

将中间件技术与水利工程管理系统相结合，搭建中间件平台，合理、高效、充分地利用水利信息，充分吸收交叉学科的研究精华，是水利信息化应用领域的一个创新和跨越式的发展。针对水利行业特点，建立起一个面向水利信息化的中间件服务平台，该平台由数据集成中间件、应用开发框架平台、水利组件开发平台、水利信息门户等组成，将水雨情、水量、水质、气象社会信息等数据综合起来进行分析处理，会在水利工程管理中发挥重要作用。

基于目的和实现机制的不同，我们将平台分为以下主要几类。

（1）远程过程调用

远程过程调用（Remote Procedure Call，RPC）是一种广泛使用的分布式应用程序处理方法，一个应用程序使用 RPC 来“远程”执行一个位于不同地址空间里的过程，并且从效果上看和执行本地调用相同。事实上，一个 RPC 应用分为两个部分：server 和 client，server 提供一个或多个远程过程；client 向 server 发出远程调用。server 和 client 可以位于同一台计算机，也可以位于不同的计算机，甚至运行在不同的操作系统之上，它们通过网络进行通讯。相应的stub和运行支持提供数据转换和通信服务，从而屏蔽不同的操作系统和网络协议。

（2）面向消息的中间件

面向消息的中间件（Message-Oriented Middleware，MOM）指的是利用高效可靠的消息传递机制进行平台无关的数据交流，并基于数据通信来进行分布式系统的集成。通过提供消息传递和消息排队模型，它可在分布环境下扩展进程间的通信，并支持多通信协议、语言、应用程序、硬件和软件平台。

（3）事务处理监控

事务处理监控（Transaction processing monitors）最早出现在大型机上，为其提供支持大规模事务处理的可靠运行环境。随着分布计算技术的发展，分布应用系统对大规模的事务处理提出了需求，比如商业活动中大量的关键事务处理。事务处理监控界于client和server之间，进行事务管理与协调、负载平衡、失败恢复等，以提高系统的整体性能。它可以被看作是事务处理应用程序的“操作系统”。

中间件平台可向上提供不同形式的通信服务，包括同步、排队、订阅发布、广播等，在这些基本的通讯平台之上，可构筑各种框架，为应用程序提供不同领域内的服务，如事务处理监控器、分布数据访问、对象事务管理器OTM等。平台为上层应用屏蔽了异构平台的差异，而其上的框架又定义了相应领域内的应用的系统结构、标准的服务组件等，用户只需告诉框架所关心的事件，然后提供处理这些事件的代码。当事件发生时，框架则会调用用户的代码。用户代码不用调用框架，用户程序也不必关心框架结构、执行流程、对系统级API的调用等，所有这些由框架负责完成。因此，基于中间件开发的应用具有良好的可扩充性、易管理性、高可用性和可移植性。

2. 水利工程管理系统中间件

基于中间件的水利工程管理系统从功能上可以分为三大部分：数据库及数据库集成平台、管理业务应用平台（包括遗留应用的集成）、水利信息门户集成平台。该系统把传统的管理指挥系统通过中间件平台与服务器端的基础设施相联系，吸取了中间件技术的优点，为应用系统提供了一个相对稳定的环境。

3. 面向水库预报调度的中间件应用支撑平台

中间件屏蔽了底层操作系统的复杂性，可将不同时期、在不同操作系统上开发的应用软件集成起来，彼此协调工作，并且可通过网络互连、数据集成、应用整合、流程衔接、用户互动等形式，面对一个简单而统一的开发环境，开发、部署、集成、运行、管理水库洪水调度系统。

三、水利建设工程管理信息协调理论

（一）水利建设工程信息不对称性

信息具有不对称性。所谓不对称信息，是指在相互对应的客体间不做对称分布的有关某些事实的信息。信息优势和信息劣势的出现，意味着信息不对称性的存在。信息之所以具有价值，关键在于由此而产生的信息差，信息差显示了信息收集与处理活动的意义所在。

信息不对称是社会生活、经济领域中存在的普遍现象。由于水利建设工程处于自然、生态、社会开放系统中，信息传播存在许多障碍，而水利建设工程信息化技术的复杂性和对设备的依赖性往往又导致水利建设工程系统内部对信息获取的不畅通，水利建设工程信息化就是要有效解决信息不对称问题。

从信息学角度看，信息传递行为由信息采集、信息传递和信息接收三要素构成。在这一过程中，存在着正反两种不对称关系：一是在信息采集——信息传递——信息接收之间，称为正向不对称，即信息采集与实际信息本身包含的信息量之间的不对称性。二是在信息采集——信息传递——信息接收反向不对称，即用户所需求的信息往往不能完全由信息传递、信息采集来掌握，也就是信息系统不能满足用户需求。因此，采集什么信息、采集多少信息、如何进行信息传递、为谁传递信息是水利建设工程信息化的核心问题。数据标准、技术架构、信息安全、功能模块、业务流程等水利建设工程信息化基础体系建设是提高信息资源质量，平衡信息不对称的首要保障。

（二）水利工程建设信息多维时空协调性

水利建设工程是典型的多维时空复杂系统。各种自然、环境、生态、技术、经济等可控和不可控因素对工程产生着错综复杂的多维时空影响。信息的多维时空协调性是水利建设工程信息属性的最基本特征，多维时空协调理论是阐明复杂系统总体行为规律的理论。多维时空协调理论认为，任何一次生产实践，它的各种因素和目标构成一个实际的多维状态空间，每一个多维状态空间从其整体结构上说可能是相对地不和谐、不协调的，其所以不协调是相对于一个协调空间而言的。协调和不协调是相对存在的，都是客观的存在。客观的存在是可以被认识、可以被找到的，通过诸多不协调多维空间的比较，应该而且能够映射出协调空间，又可以通过协调空间的存在说明多维空间不协调的原因。从不和谐协调的多维空间中抽取其客观规律，并可以通过优化的方法使其调整到合理、和谐、协调的状态。多维时空协调理论能够科学地解决水利建设生态工程系统的整体协调问题，尤其是影响水利建设工程的诸多环境因素、技术因素、政策因素、经济因素与水利资源管理之间错综复杂关系的整体协调问题。

信息协调理论要求水利建设工程信息化必须注重生存协调、信息化发展协调、信息化环境协调等诸多因素。当然，水利建设工程信息化发展与信息技术发展协调，与数字水利战略协调，与水利工程建设协调等也是水利建设工程信息化关注的核心。

第三节 水利工程管理信息化建设的技术模式

一、水利工程管理信息化建设技术构架的基本要求

现代信息技术的发展为水利工程管理信息化建设提供了强有力的支持，从系统开发技术角度看，水利工程信息化系统（Hydraulic Engineering Information System，HEIS）技术构架的基本特征应满足以下基本要求。

（一）支持软件能力成熟度模型

软件能力成熟度模型（Capability Maturity Model，CMM）是国际公认的评估软件过程成熟度的行业标准，可适用于各种规模的软件系统。CMM 软件开发组织按照不同开发水平划分为初始化（Initial）、可重复（Repeatable）、已定义（Defined）、已管理（Managed）和优化中（Optimizing）5 个级别，CMM 的每一级是按完全相同的结构组成的，每一级包含了实现这一级目标的若干关键过程域（Key Procedure Area，KPA），这些关键过程域指出了系统需要集中力量改进的软件过程。同时，这些关键过程域指明了为了达到该能力成熟度等级所需要解决的具体问题，每个 KPA 都明确地列出一个或多个的目标（Goal），并且指明了一组相关联的关键实践（Key Practices），实施这些关键实践就能实现这个关键过程域的目标，从而达到增加过程能力的效果。CMM 可指导软件开发的整个过程，大幅度地提高软件的质量和开发人员的工作效率，满足客户的需求。

（二）跨平台

现代的 HEIS 系统应该能够支持如 Windows、WindowNT、Linux、Solaris、HP-UX、JB-

MAIX 等平台。对于使用多个不同的平台开发的 HEIS 来说，一个统一、支持多平台的 HEIS 系统是最理想的。如果使用的 HEIS 系统只支持单平台，那么势必给开发、测试、发布的各环节带来很大的不便，大量的时间将被浪费在代码的手工上传、下载中。

（三）开发并行和串行的版本控制

现代的 HEIS 系统应该支持多用户并行开发，支持基于拷贝—修改—合并（Copy—Modify—Merge）的并行开发模式和基于锁定—解锁—锁定（Lock—Unlock—Lock）的串行开发模式。使用第一种方法，团队的开发人员之间无须像排队一样等待修改代码；使用第二种方法，团队的开发人员无须好像到处救火一样地解决合并过程产生的冲突。

（四）支持异地开发

现代的 HETS 系统应该能够通过同步不同开发地点的存储库支持异地开发，提供多种同步方式，如直连网络同步、存储介质同步、文件传输同步（FTP，Email 附件）等，而且同步的内容可以预先定制，例如同步整个项目，或者同步项目中的某一些选定分支。

（五）备份/恢复功能

现代的 HEIS 系统应该自带备份/恢复功能，而无须采用第三方的工具，无须数据库维护人员开发备份程序。备份方式应该灵活多样，可以选择完整备份或增量备份，节省时间和开销。恢复功能可以完全自动实现。

（六）基于浏览器用户界面

现代的 HEIS 系统应该可以通过浏览器用户界面浏览所有的项目信息，诸如项目的基本信息、项目的历史、项目中的文件、文件不同版本的对比、文件的历史记录、变更请求/问题报告的状态等。

（七）图形化用户界面

现代的 HEIS 不仅应该提供浏览器用户界面和基于命令行的使用界面（Code Line Interface，CLI），同时也应该提供图形化的用户界面（Graphical User Interface，GUI），这是现代的 HEIS 系统最基本的要求。

（八）处理二进制文件

现代的 HEIS 不仅应该能够处理文本文件、管理二进制文件，而且对于二进制文件也能够实现增量传输、增量存储、节省存储空间、降低对网络环境的要求。

（九）基于 TCPIP 协议，支持不同的 LAN 或 WAN

现代的 HEIS 统的客户端和服务器端的程序通过 TCP/IP 协议通信，能在任何局域网（LAN）或广域网（WAN）中正常工作。一旦将文件从服务器上复制到用户自己的机器上，普通的用户操作无须访问网络，如编译、删除、移动等。现代的 HEIS 系统应支持脱机工作、移动办公，无论在什么样的网络环境、操作系统下，所有客户端程序和服务器端程序都是兼容的。

（十）高效率

现代的 HEIS 应该具有一个的良好的体系结构，使得它的运行速度很快，把传输的数据量控制到最小，从而节省网络带宽，提高速度。例如在传输文件时，仅仅传输文件被修改的部分，即文件增量（Delta）传输。

（十一）高可伸缩性

现代的 HEIS 系统应该具有良好的可伸缩性（Scalability）。随着水利工程建设规模的扩大，现代的 HEIS 系统应该依然能正常工作，HEIS 系统的工作性能不应该因为数据的增加而受影响。

（十二）高安全性

现代的 HEIS 系统应该能有效防止病毒攻击和网络非法拷贝，支持身份验证和访问控制，能对项目的权限进行配置，例如检入、检出、查看等操作，这些都能帮助组织保护机密数据。

二、水利工程信息化建设的技术模式架构

根据前面的理论分析，为保证信息化建设达到目的，从技术层面考虑，本文将水利工程管理信息化建设技术架构基本模式分为四个层次：网络平台层、系统结构层、信息处理层和业务处理层。

（一）网络平台层

网络平台层是保证信息无障碍传输的硬件设施基础。其中 Intranet 是实现水利工程管

理信息化内涵发展的信息传递通道，Internet Extranet 是保证水利工程管理信息化外延发展的信息传递通道。

水利工程项目是一个全国性的特大工程建设。从行政管理角度看，它涉及国家、省市（自治区）、县、乡、村等各级行政组织；从地域上看，横跨中国东南西北各个区域；从行业上看，它与国民经济各行各业都有联系。因此，水利工程信息系统是一个开放的、边界模糊的柔性系统，这与一般的管理信息系统有很大区别。HEIS 既有与社会广泛的信息交流，也有与系统以外的其他 HEIS 的信息传输，还有项目内大量的资金、技术等内部信息交换，所以信息传输是构建 HEIS 技术模式应该首要考虑的关键。从信息传输和数据安全角度考虑，可将 HEIS 信息传输的网络平台划分为以下模式：因特网（Internet）模式、外部网（Extranet）模式、内部网（Intranet）模式以及 Internet+Intranet+Extranet 混合模式。

1. Internet **模式**

（1）Internet 概述

Internet 中文译为因特网或国际互联网，是世界最大的国际性计算机网络。从功能上来讲，Internet 是一个世界性的庞大信息库资源，它本身所提供的一系列各具特色的应用程序（或称为服务资源）使得用户能凭借它来实现对网络中包罗万象的信息进行快捷的访问，例如人们可以利用它进行全球范围内的资料查询、信息交流、商务洽谈、气象预报、多媒体通信及参与各种政务活动、金融保险业务、科研合作等，从而极大地拓展了人们的视野，迅速地改变着人们的生活和工作方式。

（2）Internet 在水利工程管理信息化中的适用范围

无论是水利工程项目建设的承担方，还是项目监督管理方（如国家、省水利等相关部门），在其管理信息化过程中，都必须面对社会公众或相关对其关注的组织机构，因此必须通过这种 Internet 模式与其面对对象进行信息的交互和传递。而其在处理内部业务过程中，也需要通过 Internet 查询、搜索相关水利建设设备、原料等信息。因此 Internet 是水利工程相关管理部门对外信息交互的门户。

2. Intranet **模式**

（1）Intranet 概述

Intranet 译为“内联网”。一般认为，Intranet 是将 Internet 的概念与技术（特别是万维网，www）应用到企业、组织、政府部门或单位内部信息管理和交换业务中，形成内部网络，因此也称为“内部网”。其主要特点是采用 TCP/IP 通信协议和跨平台的 Web 信息交换技术，同时通过防火墙技术来保护内部敏感信息。

它既具有传统内部网络的安全性，又具备 Internet 的开放性和灵活性，在满足组织内部应用需要的同时又能够对外发布信息，而且成本低，安装维护方便。

（2）Intranet 在水利工程管理信息化中的适用范围

在水利工程管理信息化中，Intranet 作为一种内部网可以很好地把水利工程直接业务联系的管理部门（如国家、省、县水利部门）跨地域地联系起来，能够保证各级水利部门信息传递的安全性前提下，能够快速地完成处理业务，通过 Intranet 信息传递、反应的快速性，能很好地提高办公效率。

3. Extranet 模式

（1）Extranet 概述

Extranet 为“外部网”，它是对 Intranet 的扩展和外延。Extranet 就是一种跨越整个组织边界的网络，在充分保证组织机构内部机密信息的安全下，它赋予外部访问者访问该组织内部网络的信息和资源的能力。组织机构内部业务处理过程中，往往需要来自外部合伙伙伴的配合，要保证组织机构信息处理的整体高效性，必然要求其相关合作伙伴也能快速响应。因此，Extranet 使得 Intranet 由内部扩展到组织机构外部。

（2）Extranet 在水利工程管理信息化中的适用范围

Extranet 可以把水利工程管理部门与工程密切相关的合作群体联系起来，通过网上实现跨地区的各种项目合作，这对地域分布广、涉及因素多的大型水利工程项目尤其有用，项目之间不仅可以实施交流与沟通，同时也可以将工程建设中涉及的原料供应商或利益群体（如国际项目的外方机构等）联系起来，从而保证工程建设在整体上的信息传递、处理的高效性。各地开发的水利工程系统可以通过 Extranet 连接成一个统一的系统，能为水利工程合理利用资源，优化布局，统一协调项目监督提供极大帮助。

4. Internet+Intranet+Extranet 相结合的混合模式

对于某个水利工程管理部门来说，往往同时需要面对以上三种不同的对象和业务，基于 Intranet 满足同一水利工程项目内部活动的需要，Extranet 满足不同水利工程项目之间、跨地区活动的需要，Internet 则是满足针对对外工程建设活动信息发布的需要，因此对于某个工程管理部门来说，所使用的网络平台实际是 Internet+Intranet+Extranet 的混合模式。

由于各类工程分布广、各地区经济发展水平不均衡等原因，水利信息化基础设施普及的程度差异较大，因此，从水利工程管理信息化建设的战略发展角度来，这三种混合模式是其发展的方向。

（二）系统结构层

从水利工程管理信息化的信息管理功能侧重点的不同，可将水利工程管理信息化系统结构层次上的技术架构分为水利工程供应链管理系统（Hydraulic Engineering Supply Chain Management，HESCM）模式、水利工程客户关系管理（Hydraulic Engineering Customer Relationship Management，HECRM）模式、水利工程企业资源计划（Hydraulic Engineering Enterprise Resource Planning，HEERP）模式，以及三者结合的 HEIERP+HECRM+HESCM 的混合模式。

1. 水利工程供应链管理系统

供应链管理（Supply Chain Management，SCM）中的供应链（Supply Chain）也称为价值链或需求链（Demand Chain），包括顾客、供应商、过程、产品以及对向最终顾客交付产品和服务有影响的各种资源。SCM 是一种集成的管理思想和方法，对供应链中的物流、资金流和信息流进行计划、组织、协调及控制，是对供应、需求、原材料采购、市场、生产、库存、订单、分销发货等的管理。供应链管理主要涉及四个主要领域：供应、生产计划、物流、需求。供应链管理关心的不仅仅是物料实体在供应链中的流动，除了企业内部与企业之间的运输问题和实物分销以外，还包括以下内容：战略性供应商和用户合作伙伴关系管理，供应链产品需求预测和计划，供应链的设计，企业内部与企业之间物料供应与需求管理，基于供应链管理的产品设计与制造管理、生产集成化计划、跟踪和控制，基于供应链的用户服务和物流管理，企业间资金流管理，给予 Internet/Intranet 的供应。

水利工程项目建设需要耗费大量自然和社会资源。由于水利工程建设项目活动范围广，内容复杂，技术含量高，所需要的资源（包括各种有形资源和无形资源）来源广泛。采购是否经济有效，不仅影响项目成本，而且直接关系项目预期效益实现。这里所说的项目“采购”不是一般概念上的商品购买，它包含着资源和服务的获得及整个获得方式和过程。

水利工程建设实际上也是一个供应—生产—产出的过程，大量资金的投入，必然要求以水利为主的这种生产最为经济，从而保证水利资源的产出的效益最大或质量最好。SCM 是相对制造企业的供、产、销的一体化管理模式，其目的是整合供应商、客户形成整体上的最优，而正是基于水利工程建设这种供应—生产—产出过程与 SCM 管理过程的相似性，把 SCM 中的一体化供应链思想引入水利工程信息化建设中来，并称为水利工程供应链管理系统。

HESCM 的功能主要在于解决水利工程建设中的三个问题。

（1）需求管理

工程项目可依据千变万化的需求来合理安排供应链上各环节的计划和协调。

（2）市场定位

确定最适合建设需求的资源产品，及时组织采购。

（3）确定最佳的合作伙伴

确定最佳的合作伙伴，保证供应链效率优化和效益最大化。

将 SCM 的观念和方法引入到水利工程信息化建设领域，可构建水利工程供应链管理系统。

2. 水利工程客户关系管理模式

客户关系管理是随着市场经济的深入发展，市场竞争、行业竞争、社会资源整合，在 4C 理念客户（Consumer）、成本（Cost）、便利性（Convenience）、沟通（Communication），主张以消费者（客户）为中心，研究消费者需求，满足其需求，强调与客户沟通，而产生的营销理论。随着 CRM 系统的推出，一种全新的“CRM 营销”理念正逐渐形成。通过客户关系管理能充分利用顾客资源，通过客户交流建立客户档案和与客户合作等，可以从中获得大量针对性强、内容具体、有价值的市场信息，包括有关产品特性和性能、销售渠道、需求变动、潜在用户等，可以将其作为企业各种经营决策的重要依据。从企业的长远利益出发，企业应保持并发展与客户的长期关系。客户被作为一种宝贵的资源纳入企业的经营发展中来，企业把任何产品的销售，都建立在良好的客户关系基础之上，客户关系成为企业发展之本质要素。CRM 的出现才真正使企业可全面观察其外部的客户资源，使企业的管理全面走向信息化。

CRM 这种以市场为导向、以客户为中心实时调整企业产品与服务的思想应用到水利工程管理信息化建设中，实际上就是实现政府对公众环境需求的一种快速响应，能够及时调整水利工程建设重点及发展方向，为水利的宏观决策提供依据的同时，也能为社会公众提供实时的水利信息服务与支持。把这种 CRM 核心思想应用于水利工程信息化建设中，可构建水利工程客户关系管理。

HECRM 可以分析谁是水利工程项目效益的真正需求者及其基本类型和基本特征，工程相关部门通过 HECRM 可与他们进行双向的信息交流，实现双方的互相联系，互相影响。需求信息是 HECRM 管理的基础，数据仓库、智能模拟、知识发现等技术引入水利工程信息化建设，可以使收集、整理、加工和利用资源、环境、信息的质量大大提高，从根本上提高水利工程管理信息化建设的效率和质量。HECRM 作为水利工程管理信息系统的高端，可以大大延伸系统的信息范围。

3. 水利工程企业资源计划模式

ERP 是一种源于美国的现代企业管理思想和方法，它采用面向业务流程的方法，利用计算机技术实现对企业整个资源进行综合管理。其主要理念是：利用计算机信息技术，对企业的人力、资金、材料、设备、技术、信息、时间等资源进行综合平衡和优化管理，协调企业各部门围绕市场开展业务活动，使得企业在市场竞争中充分发挥能力从而取得最好的经济效益。ERP 在信息化建设中发挥了巨大作用，也是我国运用最普遍的信息化系统。

水利工程建设是一个庞大的系统工程，在工程建设过程中，实际上就是对人力、资金、设备等跟水利相关的各类资源的综合调配过程，因此在水利工程建设过程中引入 HEE，即实际上是对工程项目建设资源的一种总体规划，保证工程建设的经济性、社会性两者的平衡并达到最优状态。在水利工程项目建设管理过程中，可以通过办公自动化系统和互联网及时准确地传递信息、沟通思想，降低工程建设管理中管理成本，提高管理效率；在资金管理上，可实现位于不同区域的工程项目进行及时准确的财务分析、财务预测、计划编制、预算控制等功能，提高资金的管理水平；在项目计划管理上，通过生产规划、物料需求计划、生产控制计划、成本计划、生产现场信息系统等手段和方式，使项目的生产比信息前提高数倍。

在水利工程管理信息化建设过程中引入 ERP，并不是把其管理制造企业的功能模块引进来，而是引入其整合资源、事先计划、事中控制的管理思想。将 ERP 的思想引入水利工程信息化建设，构建成为水利工程企业资源计划。

总之，水利工程客户关系管理系统和水利工程供应链管理系统是实现水利工程价值链外延扩展，达到信息高级平衡的技术保障，而水利工程企业资源计划是实现水利工程价值链内涵发展，达到信息平衡的技术保障。

4. HESCM+HEERP+HECRM 模式

从水利工程管理信息化建设的战略角度来看，HESCM、HEERP 和 HECRM 三者是相辅相成的，由于三者在管理理念上的互补性，如在信息化建设中脱离其中一个，另外两个也无法实现其价值，因此只有三者结合才能实现水利工程管理信息化的最优。但是由于信息化建设是一个不断通过实践积累的过程，受到如资金、人员素质等因素影响，在建设过程中三者的实施往往有先后顺序，因此在信息化过程中需将三者进行优先级划分。鉴于信息化过程是由内部扩散到外部为基本规律，因此，水利工程信息化建设进程中，可以先进行 HEERP，即先实现内部管理、资源控制信息化，但在规划过程中，也应充分考虑 HESCM 和 HECRM 的管理重点，从而为今后全面信息化作铺垫。

（三）信息处理层

任何信息都必须经过输入、处理、输出的过程，水利工程管理信息作为水利工程信息化的核心内容，从水利信息所经不同的处理阶段来划分：基于空间数据采集管理的 HE3S（Hydraulic Engineering 3S）模式，基于资源、环境、经济数据处理的水利工程管理信息系统（Hydraulic Erginecring Mangement Infomation System，HEMIS），基于水利资源环境经济信息进行知识发现、挖掘以支持科学决策的水利工程决策支持系统（Hydraulic Engineering Decision Supporting System，HEDSS）模式，以及以这三者结合的 HE（3S+MIS+DSS）的综合模式。

1. HE3S 模式

（1）3S 在水利上的应用概述

3S 系统是地理信息系统（Geographic Information System，GIS）、遥感系统（Remote Sensing，RS）、全球定位系统（Global Positioning System，GPS）的总称，即利用 GIS 的空间查询、分析和综合处理能力，RS 的大面积获取地物信息特征，GPS 快速定位和获取数据准确的能力，三者有机结合形成一个系统，实现各种技术的综合。

GIS 是用于存储处理空间信息的计算机系统，它通过综合分析空间位置的数据，监测不同时段的信息变化，比较不同的空间数据分布特征及相互关系，现对空间信息及其他相关信息的管理，使大量抽象的、呆板的数据变得生动直观、易于理解，为科学管理、规划、决策和研究提供空间信息依据。在水利工程 GIS 借助于地面调查或遥感图像数据，将资源变化情况落实到地域河流，实现了地籍管理；并利用强大的空间分析功能，研究水利空间分布形式和动态变化过程，为全方位实时或准实时地监测水利资源变化提供了可能。同时，在综合分析水利资源和地理因素的基础上，为合理规划资源、优化结果、确定空间利用能力、提高水利价值等提供依据。

RS 是利用遥感器从空中探测地面物体性质，最早为航空遥感，现在多为航天（卫星）遥感。它根据不同物体对波谱产生不同响应的原理来识别地物，具有宏观、动态、信息丰富等优点。应用 RS 技术可对水利资源状况、水利环境等进行综合评价。

由于水利资源地域性广、层次性强、动态变化快、反映资源现状的信息量大、内容复杂，3S 技术的发展为水利现代化描绘出一幅宏伟的蓝图。从 RS 技术中获取多时相的遥感信息，由 GPS 定位和导航，进入 GIS 进行数据综合分析处理，提供动态的资源数据和丰富的图文数表，最终提出决策实施方案。在技术上可以说是跨时段的、从天空到地表的多维立体水利，逐步替代传统的调查规划、监测和管理手段，使水利行业由单一粗放的经营管理迈上多元化、现代化、国际化的发展道路。

（2）3S 在水利工程管理信息化中的应用

作为水利工程建设的产出——水利资源，利用 3S 可实现对其管理和监测，同时对工程规划、作业设计等提供辅助决策管理。3S 强大的空间数据管理与分析能力正好迎合了水利资源的时空性特性，对于工程建设中的水利资源管理和监测、工程经营规划管理等，3S 都可提供集空间数据采集、处理、分析于一体的支持和服务功能。因此，3S 技术可实现水利工程基础业务管理信息化，3S 在水利工程信息化建设的应用称为 HE3S。

2. HEMIS 模式

（1）MIS 概述

管理信息系统（Management Information System，MIS）是一个收集、传输、存储、加工、输出、维护、管理和使用信息的人机系统，它不仅可以进行数据处理，而且还将数据处理与优化的经济管理模型、仿真技术等结合起来，向各级领导提供决策支持信息，并能够辅助管理者进行监督和控制，以便有效地利用各种资源。MIS 是以计算机为工具，采用数据库管理系统（DBMS）技术对区域或组织内外部诸要素进行优化组合，使人流、物流、资金流和信息流处于最佳状态，以最少的资源投入获得最满意的综合效益的现代管理系统。

管理信息系统有狭义和广义之分，狭义的 MIS 特指处理组织机构内部的事务处理系统，能提供初级的决策支持信息，而广义的 MIS 则是泛指所有的信息系统。

（2）MIS 在水利工程管理信息化中的应用

水利工程不仅要处理许多空间数据，同时也要处理像社会、经济、资源等非空间数据，涉及水利资源空间数据处理由 3S 进行，而众多的社会经济、资源等非空间数据则需要 MIS 来处理。而 MIS 在这里的概念则界定为狭义的 MIS，仅是作为水利工程管理信息化中的一种非空间数据处理信息系统。把 MIS 在水利工程管理信息化中的应用简称为水利工程管理信息系统。

3. HEDSS 模式

（1）DSS（Decision Supporting System）概述

决策支持系统（Decision Supporting System，DSS），是以管理科学、运筹学、控制论和行为科学为基础，以计算机技术、仿真技术和信息技术为手段，针对半结构化的决策问题，支持决策活动的具有智能作用的人机系统。该系统能够为决策者提供决策所需的数据、信息和背景材料，帮助明确决策目标和进行问题的识别，建立或修改决策模型，提供各种备选方案，并且对各种方案进行评价和优选，通过人机交互功能进行分析、比较和判断，为正确决策提供必要的支持。

随着市场竞争的加剧和信息量的剧增，基于传统的数据库管理方式的联机决策分析系统已不能满足对海量数据进行实时分析的需求，因此为决策目标而将数据聚集进行在线决策分析的面向数据仓库的决策支持系统应运而生。这种决策支持系统通过对基于数据仓库管理的海量数据进行数据挖掘和知识发现，从而形成决策支持信息。

（2）HEDSS 在水利工程管理信息化中的应用

在水利工程管理信息化过程中，不仅需要对空间数据的管理、MIS 对非空间业务处理，既满足水利工程管理业务的信息化需求，同时也要实现高端的面向海量的水利信息进行深层次数据挖掘、知识提取的功能，才能达到水利信息化的终极目标——为水利工程及水利管理提供科学的决策依据，把 DSS 在水利工程管理信息化的这种知识发现、为水利发展提供科学依据的应用，简称为在水利工程决策支持系统。

4. HE3S+HEMIS+HEDSS 的混合模式

作为数据采集、信息处理、决策分析为一体的水利工程管理信息化建设过程中，基于 HE3S、HEMIS 和 HEDSS 实际上是紧密结合在一起的。HE3S 的空间数据处理和 HEMIS 对非空间数据的处理为 HEDSS 提供了分析数据基础。因此，在水利工程管理信息化中三者的结合才能形成一个信息化整体的管理。

（四）业务处理层

水利工程管理信息化建设的业务处理层则是实现工程建设和水利资源管理与监测业务的数字化，从其内容来看，主要包括资源利用、管理和监测，以及工程建设项目管理等。

第四节　水利工程管理信息化建设的总体框架

在宏观层面上看，我国的水利工程信息化建设还处于起步阶段，各工程管理信息系统的建设独立且分散，缺乏整体规范的指导。因此，当前的水利工程管理信息化建设应达到信息系统内部结构的完善与稳定，使信息化建设能满足工程管理业务信息化正常运行的需要。本部分主要从满足管理业务信息化需要的角度，构建水利工程管理信息化的总体框架。

通过研究水利工程管理信息化需求分析，基于各项业务流程和信息化建设的总体要求，提出水利工程信息化建设体系。

水利工程信息化建设的直接目标就是实现水利工程的信息化管理。而水利工程信息化管理，就是运用信息理论，采用信息工具，对各种水利工程信息进行获取、存储、分析和应用，进而得到所需的新信息，为水利决策目标服务。水利工程信息化管理的内容可以概括为以下几大部分：①有关中国水利工程管理信息化建设研究水利工程各种信息的自动化采集、获取；②信息的计算机存储、组织与管理；③监测、分析、决策等专业应用模型的建立；④结果显示与输出。

因此，水利工程信息化的总体框架内容包括数据采集管理、数据管理、业务处理和数据输出方案。数据采集手段中，有原始数据采集和地图数据采集，数据采集成果有空间数据、关系型数据和非关系型数据；数据管理包括对空间数据管理和属性数据管理的方法。业务管理包括水利资源管理和监测、工程项目建设管理、工程信息社会经济环境服务管理等方面。

一、水利工程管理信息化数据采集构架

从水利工程的产品——水利资源数据而言，主要有原始数据采集和地图数据采集。原始数据的采集主要有：基于数字全站仪、电子经纬仪和电磁波测距仪等地面仪器的野外数据采集，基于 GPS 的数据采集，以及基于卫星遥感和数字摄影测量（DPS）等先进技术的数据采集。地图数据采集主要有地图数字化，包括扫描和手扶跟踪数字化。这些技术构成了数据采集的技术体系。需要指出的是，除了借助于电子化仪器，还需人工的实地调查观测的辅助，才能真实地反映调查区的水利资源状况。

从水利工程项目建设管理的角度，不仅包括工程规划设计施工中的自然、地理等空间数据，同时也包括项目所在地的资源、社会经济等数据，对该类数据除向有关部门搜集获得外，还需进行社会调查获得，因此这部分数据的采集必须依靠人工获得后再进行录入。

（一）原始数据采集

GIS 数据的原始采集，即全野外测量模式，主要有两种形式：一是平板仪测图模式；二是利用全站仪和经纬仪配合测距仪的野外测记模式。前者是在野外先得到线化图，然后在室内用数字化仪在线化图上采集 GIS 数据；后者用全站仪和经纬仪配合测距仪测量电子手簿记录点的坐标和编码，在测量的同时记录点的属性信息和编码信息，然后在室内将测量数据直接录入计算机数据库。

“GPS+便携机”模式，即利用 GPS 直接在野外采集数据，然后把 GPS 接收机数据装入便携式计算机。填图人员带着便携式计算机在实地对地物实体逐点进行测量，不仅可以

极大地减轻野外作业的工作量，减少作业人数，而且不必逐级进行控制测量，极大地提高了功效。如果在借助于远程通信系统，在野外测量的过程中，适时地将数据传输到室内计算机进行图形编辑。室内工作人员又可根据图形编辑的需要，及时通知野外作业人员进行数据的补充采集和修正，但需要研究的是如何充分发挥 GPS 采集数据量大、速度快的特点，研究如何克服 GPS 不适合隐蔽区的缺点，发挥其特长，有效地采集数据。随着计算机软硬件的发展，掌上机的出现为数据采集带来了新的福音，掌上机体积小重量轻，供电时间长，网络通信方便，基本上满足野外工作移动方便的需要。

（二）地图数据采集

地图数字化主要有手扶跟踪和扫描两种方法，需要研究的是如何克服地图数字化过程中的各种误差，如地图伸缩变形误差、扫描仪扫描误差、矢量化误差、数据处理和编辑过程中的误差。从现有的地形图中用数字化仪或扫描仪输入时，点位误差的来源主要有：①采集误差，即在数字化或扫描过程中产生的误差；②原图固有误差，包括测量误差、采用的投影方法误差、控制格网绘制误差、控制点展绘误差、展点误差、制图综合误差、图纸绘制误差、图纸复制误差、图纸伸缩变形误差等。在进行地图数据采集时，对于界址点点位应尽量采用实测坐标输入，用数字化方法输入时，应采用聚酯薄膜原图，保证点位精度。

（三）社会经济等数据采集

对于一些无法借助于仪器的社会经济等数据的采集，必须通过社会调查或从相关管理部门查询等方式获得，因此对于这部分数据，必须经过人工手段进行获得和录入。

（四）水利资源数据实时获取和更新

全国各地根据各自的实际情况，不同程度地把计算机技术、数据库技术和 GIS 技术分别应用于水利资源调查工作的各个环节，以保证调查成果的质量，提高调查工作的效率，提升调查成果的应用，并努力实现实时数据获取和更新。具体方案为以下。

①利用手扶跟踪数字化输入方式或扫描数字化输入方式，根据矢量格式连续坐标的积分求积和栅格化像素填充原理，利用计算机进行图斑面积的量算；利用计算机图形原理或 GIS 技术，制定数字化方案和要求，进行坐标变换和地图符号化等处理，制作各种土地利用图件，根据需要输出计算机印刷的数据根据摄影测量原理。

②利用计算机处理技术，对数字航片进行倾斜误差改正和投影误差改正，实现航片的

自动转绘，同时自动生成水利用图或正射影像。

③根据遥感监测数据对监测水利资源，监测变化图斑的变化面积进行统计，根据不同的行政区划，统计历年的水利资源消长；根据不同的监测区名称，统计监测区的水利资源消长。

二、数据采集手段比较

（一）传统水利资源调查和社会调查

传统的水利资源数据获取方式主要为水利资源调查，其方法主要有详查、抽样调查和重点调查等。运用水利资源调查与统计可以对水利资源数量和质量进行分析。一般在遥感资料的基础上，需要通过水利资源调查进行检查和补充，在遥感资料缺乏的地区或年份，也只有依靠水利资源调查来反映水利资源状况。利用抽样调查、小班调查等一系列调查工作和历年水利资源统计资料，能够准确反映水利资源的变化情况；而社会经济等相关数据则主要通过社会调查和向相关部门查询方式获得。

（二）遥感技术

遥感技术具有覆盖面广、宏观性强、多时相、实时性强、信息量丰富等特点，已广泛应用于获取和提取各类水利信息，成为水利管理信息系统的重要数据源和辅助决策手段。随着计算机技术、空间技术和信息技术的发展，遥感技术的应用已从单一遥感资料向多时相、多波段、多数据源的融合发展，从静态分析向动态监测发展，从对资源、环境的定性调查向计算机辅助的定量制图过渡并与地理信息系统和全球定位系统等技术结合起来构成空间数据采集与处理系统。

（三）全球定位系统

全球定位系统（GPS）可以为用户提供三维的定位，由于能独立、迅速和精确地确定地面点的位置，因此开始广泛地被引进到大地控制测量领域中来。GPS 定位技术与常规控制测量技术相比有以下优点。

1. 观测站之间无须通视

传统测量要求测站点之间既要保持良好的通视条件，又要保障三角网的良好结构。GPS 测量不要求观测站之间相互之间通视，这一优点既可大大减少测量工作的经费和时间，同时也使点位的选择变得甚为灵活。GPS 测量虽不要求观测站之间相互通视，但必须保持观测站的上空开阔，以使接收 GPS 卫星的信号不受干扰。

2. 定位精度高

现已完成的大量实验表明，在小于 50km 的基线上，其相对定位精度可达 $1\times10^{4}\sim2\times10^{-6}$，而在 100～500km 的基线上可达 $10^{-6}\sim10^{-7}$，随着观测技术与数据处理方法的改善，可望在大于 1000km 的距离上，相对定位精度达到或优于 10^{-8}。

3. 观测时间短

利用经典静态定位方法，完成一条基线的相对定位所需要的观测时间，根据要求的精度不同，一般约为 1～3h，快速相对定位法，其观测时间仅需数分钟至十几分钟。

4. 操作简便

GPS 测量的自动化程度很高，在观测中测量员的主要任务只是安装并开关仪器、量取仪器高和监视仪器的工作状态和采集环境的气象数据，而其他观测工作，如卫星的捕获、跟踪观测等均由仪器自动完成。另外，GPS 用户接收机一般重量较轻、体积较小，因此携带和搬运都很方便。

5. 全天候作业

GPS 观测工作可以在任何地点、任何时间连续地进行，一般也不受天气状况的影响。

三、水利工程管理信息化数据管理结构

（一）数据管理结构设计

计算机及相关领域技术的发展和融合，为水利空间数据库系统的发展创造了前所未有的条件，以新技术、新方法构造的先进数据库系统正在或将要为水利信息数据库系统带来革命性的变化。

①针对不同系统（GIS 或 DBMS），根据系统需求和建设目标，采取不同的数据管理模式。

②在数据管理模式实现的基础上，实现数据模型的研制问题，选取合适的数据模型以方便数据的管理。

③尽可能采用成熟的数据库技术，并注意采用先进的技术和手段来解决水利工程信息化过程中的数据管理问题。应用面向对象数据模型使水利空间数据库系统具有更丰富的语义表达能力，并具有模拟和操纵复杂水利空间对象的能力；应用多媒体技术拓宽水利空间数据库系统的应用领域，应用虚拟显示技术促进水利空间数据库的可视化；应用分布式和

C/S、B/S模式的应用，使水利数据库具有Internet连接能力，实现分布式事务处理、透明存储、跨平台应用、异构网互联、多协议自动转换等功能。

④在数据库实现的基础上，实现空间数据挖掘、知识提取、数据应用和系统集成。

（二）水利工程数据管理的特点

信息系统离不开数据，整个水利信息系统都是围绕空间数据的采集、加工、存储、管理、分析和表现展开的，空间实体的特征值可通过观测或对观测值处理与运算来得到，例如可以通过测量或计算直接得到某一点的距离值，而该点的距离则是通过计算出来的属性值。由于水利工程数据信息的复杂性、交错性等特点，在数据形式上的特点表现为以下几点。

1. 种类多

水利工程管理涉及数据种类多，包括水利资源相关数据和社会经济环境等数据，其中水利资源管理涉及的数据将它们抽象、用数字表达，可以归结为四类：数字线划数据、影像数据、数字高程模型和地物的属性数据。数字线划数据是将空间地物直接抽象为点、线、面的实体，用坐标描述它的位置和形状。这种抽象的概念直接来源于地形测图的思想。一条道路虽然有一定的宽度，并且弯弯曲曲，但是测量时，测量员首先将它看作是一条线，并在一些关键的转折点上测量它的坐标，这一串坐标描述它的位置和形状。当要清绘地图时，根据道路等级给予它配赋一定宽度、线型和颜色，这种描述也非常适用于计算机表达，即用抽象图形表达地理空间实体，实际上大多数GIS都以数字线划数据为核心。

影像数据包括卫星遥感影像和航空影像，它可以是彩色影像，也可以是黑白灰度影像。影像数据在现代GIS中起越来越重要的作用，主要因为它的信息丰富、生产效率高，并且能直观又详细地记录地表的自然现象。人们使用它可以加工出各种信息，例如进一步采集数字线划数据，在水利工程应用中影像数据一般经过几何和灰度加工处理，使它变成具有定位信息的数字正射影像，其立体重叠影像还可以生成地表三维景观模型和数字高程模型数字。

数字高程模型实际上是地表物体的高程信息，但是由于高程数据的采集，处理以及管理和应用都比较特殊，所以在GIS中往往作为一种专门的空间数据来讨论。

地物的属性数据是水利信息系统的重要特征，正因为水利信息系统中储存了图形和属性数据，才使水利信息系统如此丰富，应用如此广泛。属性数据包括两方面的含义：一是它是什么，即它有什么样的特性划分为地物的那一类，这种属性一般可以通过判读、考察它的形状和其他空间实体的关系即可确定；二是属性是实体的详细描述信息，例如一栋房子的建造年限、房主、住户等，这些属性必须经过详细调查，所以有些 GIS 属性数据采集工作量比图形数据还要大。

2. 空间数据模型的复杂性

空间数据模型分为栅格模型和矢量模型。栅格模型和矢量模型最根本的区别在于它们如何表达空间概念，栅格模型采用面域和空域枚举来直接描述空间目标对象；矢量模型用边界和表面来表达空间目标对象的面或体要素，通过记录目标的边界，同时采用标识符表达它的属性来描述对象实体。正是由于空间实体的多姿多彩和千变万化决定了空间数据模型的复杂性。

3. 数据量大

信息丰富、数据量大是水利空间数据的一般特点，一张精度适量的地图，或其数据量超过 100 万字的一本书，相当于一张 3.5 寸软盘的容量，而一个微型的系统就需要管理几十张，甚至成千上万张的地图。NASA 的 EOS 计划中，其地理信息系统的预期数据处理容量为百万数量级，采集非常昂贵，这就对空间数据的管理和共享提出了新的要求。

4. 分布不均匀

在同一个系统中，空间数据的分布极不均匀，这是由地理信息系统所描述的地理现象本身的不均衡所决定的。局部数据相当稠密，而另外的区域却相对稀疏，部分对象相当复杂，而另外的对象却又相当简单，数量级的差别往往在十万倍以上。

5. 分布式空间数据存储

随着 GIS 在各行各业深入开展和空间数据数据量的膨胀，把数据集中在一个大的数据库中进行管理的传统方式已不能满足用户需求，如一些特殊数据的拥有者发现他们可能会失去对数据的控制权；数据的存储结构难以动态改变以适应不同用户的需求，庞大的数据量在单个数据库中管理困难，运行效率低；由于业务的扩大，特别是跨地域的发展，数据的集中管理更加困难。因此，随着网络和分布式数据库技术的发展，空间数据往往被异地存储，分布式进行管理。但是，不排除在分布式的需求日趋高涨的同时，又出现了相反的需求，即采用新的技术集成已有的系统，各系统之间能有效地进行互操作。

6. 自治性

许多正常运行的 GIS 系统在建立之初，往往都是以独立的系统存在，即采用不同的 GIS 软件，不同的数据模型和数据结构之间缺少紧密的联系。但应用中经常需要结合不同系统中的数据才能做出决策、判断和分析，而这些数据又存在于不同的系统中，且这些系统又因为各方面的原因要独立地运行，如机密数据在不同的系统中有不同的权限控制，这就决定了空间数据的自治性。所以，不破坏空间数据的自治性，又达到数据共享和互操作是空间数据互操作的一个基本要求。

7. 异质性

异质性在许多领域中都存在，且大多数是由于技术上的区别引起的，如不同的硬件系统，不同的操作系统及不同的通信协议等。为解决异质问题的相关研究开发已开展了许多年，尽管大多数情况下它已不再阻碍数据的互操作，但是在地理信息领域中，由于空间数据的特殊性还存在不同层次的异质性。如语义异质，它经常是大多数信息共享问题的起因。语义上的异质可认为是对象认识的概念模型不一致引起的，如不同的分类标准、对几何对象描述的不同等。

8. 重复使用

随着水利在生态环境建设中重要性的日趋体现，水利地理空间数据与生态环境保护其他方面的需求相结合，这就要求空间数据的建设、管理和应用能在共享和互操作的环境中运行。

9. 功能集成

将不同的水利信息系统中的功能集成在一个全局系统中，这种情况在水利工程的建设和管理决策分析应用中广泛存在，一个决策分析往往需要多种信息。如要进行一个水利建设项目，往往要从基础设施库中获取该地区的地形、地貌和等基本信息，同时考虑当地的经济发展要求，即要从经济数据库中获取该地区的经济相关指标，然后综合分析这些信息。这就不仅需要空间数据的共享和互操作，还需要各个子数据库系统的功能模块，表现模块的共享和互操作。

四、水利工程数据管理方式

（一）扩展系统模式

这种方式实现空间数据与属性数据同时存在于商业数据库中，现阶段这种方式的具体实现是利用对象关系型 DBMS 的对象管理能力，完全实现空间数据和属性数据的一体化管理，系统完成空间数据的存储、索引、分析等功能，这是相对新兴的一种模式。通过采用对象关系模型，实现了对空间数据的索引技术，可以将空间查询转换成为标准的 SQL 查询，省略了空间数据库和属性数据库之间的繁琐连接，提高了系统的效率，使空间数据更加广泛的信息共享，并使信息安全得以保障。

（二）完整系统模式

完整系统模式指按照面向对象理论完全重新设计的真正对象数据库，能很好地模拟和操纵复杂对象。在这种系统中，空间数据与属性数据按更接近人类思维的方式建立模型。用这种模式构造的系统适合定义复杂的地理实体，以及实现对复杂对象的直接操作。因此，面向对象数据库成为比较理想的统一管理 GIS 空间数据的有效模型。

五、水利工程项目管理信息化

水利工程项目管理信息化是指将水利工程项目实施过程所发生的情况（数据、图像、声音等）采用有序的、及时的和成批采集的方式加工储存处理，使它们具有可追溯性、可公示性和可传递性的管理方式。可追溯性就是信息具有一定正向的或反向的查阅功能；可公示性表明数据有条件查阅功能，不是个人行为管理；可传递性表明所有的情况不局限在某地，能在网上实现传递等。项目管理信息化的实质是就是以计算机、网络通信、数据库作为技术支撑，对项目整个生命周期中所产生的各种数据，及时、正确、高效地进行管理，为项目所涉及的各类人员提供必要的高质量的信息服务。

水利工程项目管理信息化是引入先进的信息管理技术，提高项目管理效率和规范项目管理的过程。

（一）水利工程项目管理信息化系统的特点

与其他领域相比，水利工程项目管理信息化具有其特殊性和复杂性，主要表现在以下几个方面。

1. 数据的特殊性

在数据形式上，由于水利工程项目兼有自然属性、社会属性、经济属性的特征，整个项目的过程会产生大量的数据资料，这些数据在来源、格式、重要程度、服务对象上各有特点，必须经过加工处理、解释后才能成为管理需要的信息。在数据精度上，不同的数据类型和项目需求对精度的要求不同，比如对资源类数据，一般通过遥感或抽样的方法采集数据，可允许一定的误差存在，而对资金类数据则对数据的准确性和时效性要求较高。总的来说，数据的特殊性是水利工程项目管理信息化的最突出特性。

2. 监测评价指标的特殊性

从项目管理目标来看，水利工程项目目标不仅追求有形资产的增加，更多是注重环境保护、农民生活状况的改善、水利可持续发展能力等无形价值。如何计量这些无形价值是水利工程项目监测评价指标体系需要解决的问题。在水利工程项目前期的可行性分析、中期的进度管理、结束的后评价阶段都需要通过这些评价指标体系反映和衡量项目进展和项目成果。因此项目监测评价指标体系标准的制定，是水利工程项目管理信息化需要解决的基础问题。

3. 管理层次的特殊性

从项目管理层次看，水利工程涉及部门较广，从中央、省、县到乡村，跨越区域较广，所跨的省份较多。微观上，项目涉及主体多，包括投资主体、设计规划单位、施工单位或个人、成果经营单位等。宏观上，项目的资金多是国家的专项财政，必须依照国家宏观调控政策和方向来实施。因此，项目管理信息化一般都是分层次的分布式系统，须通过网络基础层来实现各层次系统的连接。

4. 功能模块的特殊性

一个大型建设项目管理信息系统从内部功能上一般包括项目进度、项目造价、项目质量、项目设备、项目合同、项目财务、项目物资、项目图文档、项目办公与决策等信息管理系统。但对水利工程项目而言，由于其项目建设内容的特殊性，很难按照一般建设项目管理信息系统的功能模块来实现其全部系统。不同的水利工程对功能模块的需求也各不相同，水利工程项目管理信息系统的功能需求更侧重于与外部信息资源的交流。

（二）水利工程项目管理信息化构架

由于工程项目管理信息系统不具有通用性和集成性，难以达到水利工程信息化实现资源共享、统筹管理的要求，因此有必要对根据水利工程项目管理实际需求及项目管理理论对项目管理信息系统进行重新整合，以达到项目管理信息系统建设的标准化、规范化的目的。

针对水利工程项目信息化系统在数据、管理、功能等方面的特殊性要求，并结合一般项目管理内容，从水利工程项目信息化一般性、通用性原则出发，设计了水利工程项目建设管理信息化构架。

（三）水利工程项目进度管理

由于水利工程建设中，时间短，任务重，必须严格控制工程进度，才能保证年度计划目标的实现。建设完成后要实施管护项目，必须严格按照管护计划进行管理。在进度管理过程中，需要编制和优化项目建设进度计划，对建设进展情况进行跟踪检查，并采取有效措施调整进度计划以纠正偏差，从而实现建设项目进度的动态控制。

（四）水利工程项目质量管理

项目质量是项目管理的生命线。只有在确保质量的前提下，项目活动才可以支付资金，质量与资金支付密切相关。水利工程项目中水利工程建设质量在整个项目质量管理系统中最重要。在整个项目执行过程中，从项目的最初设计到最终的检查验收，对项目建设应实行全面质量管理。项目管理人员为了实施对建设项目质量的动态控制，需要建设项目质量子系统提供必要的信息支持。为此，系统应具有以下功能。

①存储有关设计文件及设计修改、变更文件，进行设计文件的档案管理，并进行设计质量的评定。

②存储有关工程质量标准，为项目管理人员实施质量控制提供依据。

③运用数理统计方法对重点供需进行统计分析，并绘制直方图、控制图等等管理图表。

④为建设过程的质量检查评定数据，为最终进行项目质量评定提供可靠依据。

⑤建立台账，对建设和护管等各个环节进行跟踪管理。

⑥对工程质量事故和工程安全事故进行统计分析，并能提供多种工程事故统计分析报告。

（五）水利工程项目资金管理

由于项目所有的活动最终都要体现在资金的支付上，因此，资金管理是项目顺利实施的物质基础。政府投资水利工程项目的资金管理要树立责任意识、效益意识、市场意识、风险意识，把有效的资金管理作为项目管理的核心，建立一整套适合中国国情的资金管理系统，以促进项目各项工作的顺利实施。水利工程项目在资金管理上应按照计划、采购、质量和资金四个管理系统相结合的原则，从资金到位管理、资金支出管理等方面进行财务控制，同时在项目实施的各个阶段制定投资计划，收集设计投资信息，并进行计划投资与实际投资的比较分析，从而实现水利工程项目投资的动态控制。

（六）水利工程项目计划管理

水利工程项目计划是工程实施的基础，因此工程计划的编制与优化需要根据项目进度、资金等影响因素而进行控制和调整。

（七）水利工程项目档案管理

水利工程文档管理主要是通过信息管理部门，将项目实施过程中各个部门产生的全部文档统一收集、分类管理。为此，应具有以下功能。

①按照统一的文档模式保存文档，以便项目管理人员进行相关文档的创建和修改。

②便于编辑和打印有关文档文件。

③便于文档的查询，为以后的相关项目文档提供借鉴。

④便于工程变更的分析。

⑤为进行进度控制、费用控制、质量控制、合同管理等项工作提供文件资料力一面的支持。

（八）水利工程项目组织管理

水利项目具有与一般项目组织特殊的组织方式，由于不同水利项目的内容、项目目标、实施方式、资源要求都不同，因此，还很难规定一种统一的水利项目组织形式。分析现行水利工程项目组织和管理形式的形成和发展对于建立水利工程项目组织管理系统有一定的现实意义。现行水利工程项目是一种行政管理和经济调节交织的项目，其管理组织形式也充分体现了这一特点。这种特殊的项目组织形式很有代表性地展现了中国水利项目的基本特点——行政管理和项目管理相结合。仔细分析一下水利工程项目的组织形式就可以看出，该项目的组织形式并不是大多数项目管理理论所强调的按照一般项目管理的基本元素，如项目的产品生产单元（企业或单位）或项目的基本属性，如项目规模、项目的复杂程度、项目的结果（产品和服务）、项目用户、项目组合（项目的产品、产品的生产过程和项目文化强度）来设置的，而是按项目管理的行政管理级别来设立的。也就是说，项目的行政管理色彩比较浓厚。

（九）水利工程项目采购招标管理

项目活动的重要设备材料靠采购招标来实现，采购是项目执行中的关键环节，采购是否经济有效，不仅影响项目成本，而且直接关系项目预期效益实现。这里所说的项目“采购”不是一般概念上的商品购买，它包含着水资源、设备材料和服务的获得及整个获得方式和过程，按其内容大体可以分为水利工程建设的土建活动实施、购买货物和聘请咨询人员。项目采购管理应贯穿于项目周期的不同阶段。在项目策划和决策阶段，要讨论项目中需要采购哪些工程、货物和咨询服务，并制定初步的采购计划和清单；在项目准备阶段，确定采购分标或合同标的划分问题，如工程如何划分标段，货物如何进行分包打捆等；在项目评估阶段，主要讨论采购计划安排，以及采购方式、组织管理等问题，并就采购计划和采购方式达成协议；在项目执行阶段，按照协议的采购方式，具体办理采购事宜；在项目总结阶段，总结评定采购的整体执行情况，总结经验和教训。

采购招标管理具有以下主要功能。

①供应商管理：管理与企业有业务往来的所有供应商的信息，建立一个供应商信息库，包括供应商基本信息、产品质量信息以及资信信息。供应商的质量信息和资信信息是材料采购的重要依据。

②价格管理：对于每一种物品，采用内部价格和外部价格管理，内部价格为最高限价或计划价，外部价格是供应商的报价或市场价等。对于内部价格的设定需要通过审核和审批。

③计划管理：采购计划管理是企业采购的核心。各部门提出的请购任务经过汇总采购计划，采购计划经过财务审核后进行任务分解并分配给采购负责人，采购负责人经过询价、比质、比价等采购活动后，提请审核和批准，批准人同时确定了采购方式。

④招标管理：招标以项目的形式进行，选择采购计划中为招标采购的物资形成一个招标项目，一个项目可包括多个采购计划，并且最终选中一家或多家供应商为该项目的供应商。

⑤库存管理：库存管理包括库存物资的入库、出库、调拨、特殊处理、盘库、仓库等基本信息。

⑥辅助决策：综合各子系统的数据，提供查询、统计分析、打印报表等功能，为领导提供辅助决策服务。

（十）水利工程项目监测管理

水利工程项目监测是实现既定目标的基本保证，通过对项目的有效监测，才能减少项目风险，保证工程质量和效益，选取的指标包括以下几点。

①反映（外部监控）项目区宏观总体态势的指标组。如项目区经济增长率、财政支出对财政收入的变动弹性、项目财政负担率等。

②反映（外部监控）项目区经济结构的指标组。包括项目区一、二、三立业产值占GDP 比重、土地利用结构等。

③反映（内部监控）项目实施状况的指标组。如中央和地方配套资金到位量、到位率，中央和地方配套资金实际完成量、施工进度完成率、水利资源质量变动率、水利资源

结构变化率等；

④反映（内部监控）项目效益的指标组。如中央资金和地方配套资金结构变化率、水利质量合格率、造资金投入的变动弹性等。

（十一）水利工程项目效益评价

水利工程项目效益评价是项目可持续性投入的保证，通过对项目建设效果分析，对项目下期的循环提供决策支持。基于项目成效、生态效益等指标的分析，对项目的综合效益再生态效益、经济效益及社会效益三方面进行评价。

第五章 水利工程的经济管理

第一节 水利工程是水利的重要保障

水利工程是水利事业的基本建设，是用水、治水的物质保证。当今世界，无论哪个国家、哪个民族，都十分重视水利基本工程的建设。我国特殊的自然环境，决定了兴修水利工程具有特殊的作用。

水利工程经济属于应用经济学科，它具有以下特点。①社会性。水是一切生命赖以生存的基本条件。水利事业涉及面广、社会性强，其经济效益既受体制、价格政策等制约，又受非经济因素影响，任何一项水利工程既要重视经济效益，又不能单纯由经济因素来决定。②时间性。河川早开发早得益，不开发不受益反受其害，遇涝成灾，遇旱也成灾。如不按时供水或不及时治理，可造成农业欠收或失收、航运中断、城市断水、江河漫堤以及水环境恶化等，严重影响社会生活，甚至造成国民经济和人民生命财产的巨大损失。③随机性。由于水文现象的年际变化，使水利工程的效益也具有年际变化的特点。如大型排涝站、非常溢洪道等，平时可能闲置，一旦需要才显示其效益。

一、水利工程建设是经济发展的保证

兴修水利工程是国民经济健康发展的保证。随着我国经济发展、人口增长和城市规模的扩大，水利在国民经济中的地位越来越重要，水利已成为我国经济部门中产出效益最大的产业之一，成为国土整治开发、国民经济整体布局、生产力合理配置的重要因素。

无论是沿海外向型经济区的开发，能源、重化工基地的建设，城市规划的实施，以及发展粮食生产的中低产田改造，建设商品粮基地，开发沿海滩涂、荒地和开发大西北战略等，都必须水利先行。这说明，水利不仅是农业的命脉，而且是国民经济的命脉；不仅是基础产业，而且是必须重点和超前发展的战略产业。

二、水利工程建设顺利实施的重要保障

（一）施工排水对工程实施的影响

1. 对人员、机械作业的影响

施工排水可以为人员、机械作业创造干燥的作业环境，便于行走。沟、河、渠内的水排干后有利于场内道路通衢。

2. 对工程进度的影响

施工排水可以使本来很复杂的作业环境变得不复杂，是工程进度的有力保障措施。施工作业在无水环境中实施更高效，有利于进度目标的实现。

3. 对工程质量的影响

有些工序施工时必须在干燥的环境中进行。如钢筋绑扎、土方填筑时，施工排水可以创造出理想的工作环境，是工程质量的有力保障。再如直接坐落在土基上的结构物，如果施工时不进行施工排水很容易因渗透压过大造成地基隆起，从而造成施工质量问题。又如混凝土浇筑时，如果排水不及时，水会带走混凝土中的细小颗粒，影响到混凝土的属性，使浇筑质量大打折扣。

4. 增大施工安全系数

在多水环境下施工，排水不到位易造成安全事故。如降水不到位导致的边坡坍塌；水下情况不明朗，威胁到施工人员的人身安全等。充分的施工排水工作可以让危险发生率大大降低。

（二）施工排水的形式

施工排水分为明沟排水、降低地下水位两种形式。明沟排水多用于排除地表水，可直接开挖成水渠将水排除出施工场地或附近水系，为施工创造有利条件。降低地下水位多用于基坑作业时，常用的形式有管井降水和轻型井点降水。是将土壤中的水汇集到井中，再用水泵將水抽至地面，进行集中排放，使施工环境保持干燥。

（三）加强排水工作管理，保障工程实施

为了保证工程建设的顺利实施，施工排水往往会不间断地进行，直至工程完工。由于其过程较长，所以需要不断的加强降水工作的管理，为工程建设保驾护航。

施工单位进场后，工程技术人员要根据本工程的现场地质条件、水量多少、水位深浅来确定合适的排水方式，选择合适的设备，确定好排水路线，并编写成方案指导施工。

为了保证降水工作的顺利进行，工程建设的顺利实施，整个施工排水周期都需要加强管理。

1. 科学管理

在施工之前，我们要结合已有的水文资料和地质资料确定水的储量和存在形式，了解排水环境，从而达到方法准确、人员设备投入正确的目的。施工方案编写具有专业性和可操作性。选用经验丰富的、有较高职业道德的施工人员指导排水施工。

2. 选择专业的队伍

排水施工实施时，选择一个经验丰富的队伍，会很好地领会排水施工意图，避免在任务传递时出现偏差，对施工方案产生错误理解。在施工过程中如果遇到困难，也可以凭借以往的施工经验提出一些意见从而促进工作进展。及时发现错误，并加以纠正，有利于施工管理。

3. 跟踪任务执行、做好保障

由于施工排水工作比较刻苦，施工人员很容易麻痹、懈怠，那么就导致之前的工作前功尽弃。为了避免类似情况的发生，工程管理人员要密集跟踪排水任务的执行，保证任务落实及时准确。

在设备投入达到一定规模时，随时都会出现水泵损毁的状况，排水作业人员要掌握水泵的维修技能，对不能够及时修复的水泵要立刻更换。经常观察周围的情况，制止对排水设施蓄意破坏行为。对排水管路和渠道要及时修复。做好用电保障，保证供电线路能够承载足够的用电负荷，对损毁的线路要及时修复。设备和线路长时间工作时，要选择合适的时间停泵休息，让设备和线路保持最佳的工作状态。

4. 加强人员素质

一般基层人员受教育程度比较低，意识决定形态，所以有些人会对施工排水工作不够重视，就会出现问题反馈不及时、处理不及时，甚至出现不反馈不处理的状况。那么选派人员时要考虑这方面的因素，选择有责任心、经验丰富的人员去执行。

（四）施工排水与水利工程的联系

水利工程建设是通过对水的治理达到兴利、除害的目的。所以大部分水利工程建设时都在水资源丰富地区进行。如修筑一座挡水大坝、浇筑一座水闸、兴建一条引水渠道等。

欲治水就要克服水对工程的干扰，大规模的水可以通过围堰施工或施工导流的形式进行排除，对于规模较小或者围堰合龙闭气后基坑内的积水就需要采用施工排水来排除。所以水利工程建设的过程大多伴随着施工排水的进行。

三、水利工程施工中施工技术和工程质量的保障措施

（一）在工程勘察选址中采用先进的科学技术

水利工程勘察设计质量是决定工程质量的首要环节；要遵循建筑工程勘察设计条例，采用先进的勘察选址技术，全面使用 GPS 技术、GIS 技术，利用网络分析技术对勘察选址分析，综合考虑多种因素，包括地质、水质及水文情况、环境状况等，进行科学设计，严格审核，要求设计中包含施工工期、工序、工程材料、施工技术选取等，确保设计方案详尽合理，不重复不遗漏，满足实际施工要求。

（二）加强水利工程施工监管

加强水利工程施工监管，首先要对具体的水利工程施工环境进行考察和分析，结合工程实际要求确定所监管的项目施工进度、人员、材料等。按具体工作环节、任务、特点制定一系列的监督管理细则，如对工程施工部位的检查、施工工序的操作、质量标准、施工质量评定等工作都要细化，确保工作人员能够有章可循，让监督人员和施工人员明白在施工中如何做、怎么做的内涵，有效协调工程施工中各个环节。对各级监管人员的权利和责任进行明确，加强监管人员的监管力度，减少人为因素干扰，保证水利工程施工质量。

（三）建立水利工程施工质量责任制

提高水利工程质量首先必须加强对水利工程施工的领导和管理，把水利工程施工质量、安全放到首位。通过建立水利工程施工质量责任制，加强水利工程施工的管理工作，全面制定和落实水利工程施工责任制，严格按我国水利部门的要求和水利工程施工规范施工，不断加大监督和检查力度，发现问题及时采取补救措施。同时，落实责任制，牢固树立安全意识，从而保证水利工程施工的施工质量。

（四）加强水利工程施工技术管理和施工人员技术培训

水利工程施工技术行业标准、国家施工技术标准是施工企业必须遵守的关键内容，同时，这些水利工程施工技术和要求也是解决难点、突破重点的首要条件，应将水利工程施

工技术管理落实到位，落实施工技术责任制，加强施工监理监管能力，对水利工程施工可能出现的问题要有所预测，对水利工程施工过程中出现的技术难点及时有效解决，在提高水利工程施工技术运用水平的同时，提高水利工程施工企业的核心竞争力。

水利工程施工技术人员是确保水利工程施工质量，解决水利工程施工难题的根本，施工企业对经常出现的技术弱点，要及时补弱增强，加大对技术人才引进力度，并给予足够发展空间和相应薪酬。对于现有技术人员，根据水平高低，与专业机构联合，以定期培训和短期讨论相结合的方式提高业务素质，对于行业内技术领先企业，要认真学习，重点在于如何理解难点，如何克服难点，在以后的工作中如何长期保持技术能力。

（五）严把施工原材料质量关

水利工程工期紧、工程量大，原材料使用繁杂。为提高施工技术水平，必须从源头做起，严把进场施工原材料质量。在质量检查过程中除了企业自检外，还应由监理方进一步见证检验。

（六）加大新技术的推广应用

在水利施工中运用GPS定位技术，不仅为工程测量提供了新的技术手段和方法，而且使测绘定位技术发生了根本性变革。因此，常规地面定位技术正逐步被GPS技术所代替。计算机辅助型应用软件在水利工程领域的应用，大大提高了工程设计的工作效率，为工程施工提供了更加准确的科学依据。在水利工程中有很多复杂的计算，如各种不同体形衔接处的相交线，各种工程纵、横断面绘制及断面面积计算等，采用计算机辅助型应用软件进行设计，可大大减轻工程测量方面的工作强度和工作量。

第二节　水利工程宏观管理

水利工程宏观管理，是指水利部和流域机构对水利基本建设投资计划的宏观政策、法规、中长期发展计划及其年度计划的制定、安排、监督执行、调整等方面的管理。

一、水利工程宏观管理的内容

为有效地进行水利工程建设，必须进行水利工程基本建设宏观管理。水利工程宏观管理主要包含以下几方面内容。

（一）建立多渠道、多层次投资机制

水利工程投资的传统模式是国家投资、农民投劳。社会主义市场经济体制的建立和逐步完善，要求水利工程建立多渠道、多层次的投资机制。水利基建投资、防汛岁修经费的大部分以及农水事业费的全部，切块由地方安排。国民经济投资体制逐步改革，增辟了水利资金的融资渠道，形成了“中央的投资办中央的事情，地方的事情由地方办”的投资原则。

（二）优化投资结构

第一，在投资量上集安排中力量，确保重点。大中型项目投资已达年度总投资的60%以上。第二，扭转重建轻管的片面的建设方针，走以内涵为主、适当外延的路子，把投资从以新建工程为主，逐步改变为重点放在巩固和发挥现有工程的效益上来，在安排基建投资时对病险水库除险加固工程和大型灌区改造工程进行适度倾斜。第三，加强非工程防洪设施建设，改变防洪单一依靠工程的状况，强调工程建设和非工程措施相结合。

（三）实行水利投资有偿使用

在计划经济体制下，水利工程建设形成了“等、靠、要”的局面，水利建设只讲投入，忽视产出，只注重社会效益，忽视行业效益和自身经济效益，给自我发展造成了障碍。为了发展水利经济，增加水利投入，完善产业结构，增强水利活力，建立健全水利经营、管理机制，促进水利水电工程的良性循环，使水利事业的发展适应国民经济发展的要求，水利投资必须实行多渠道有偿使用。这是水利市场经济建设过程中依靠市场调节资源的最基本要求，是水利经济资源实现优化配置的首要目标。

（四）推行投资包干责任制和工程招投标制

为了保证水利工程质量，克服过去那种水利工程建设敞口花钱、不讲效益的弊端，各级水利部门普遍推行了投资包干责任制和工程招投标制。对所有建设项目实行投资包干，签订协议或合同，把主管单位、建设单位、施工单位各方面的责、权、利用合同或协议形式明确下来。对一些大、中型水利基建项目开展招标、投标，择优选择施工队伍，降低造价，节约投资，初步形成了较为完善的依靠市场方式配置资源的监管体系。

（五）建立行、滞洪区防洪基金

为了有计划地行洪、滞洪，减少淹没损失，对使用机率在五年一遇以下的行、滞洪区

试行多方筹资建立防洪基金的办法，以便汛期行洪、滞洪及时运作，保障非洪地区的安全，同时解决行、滞洪区群众温饱问题，进而扶持产业结构调整，鼓励人口外迁。防洪基金主要用于机率在五年一遇以下的行、滞洪区按规定及时行、滞洪水后，对农作物损失及农民生活困难进行补偿和补助。

（六）实现由工程水利向资源水利的转变

1. 工程水利产生与存在的条件

水是人类生存与社会发展不可缺少的物质与条件，没有水就没有人类社会。远古时期，人们为了避防洪水，只得沿河流边的丘陵地“处之”。可是，丘陵高地又用水不便、灌溉不利，人们必须找到既防止洪水危害，又方便灌溉、用水的办法。经过长期的实践摸索，人们逐渐找到了通过修水工程而除水害、兴水利的途径。为此，人们不断研究如何修工程、管工程，以及不断改进、完善工程，使之发挥更大的效益。

2. 工程水利向资源水利转变的因果关系

实现由工程水利向资源水利的转变，并不意味着不再大规模兴修水利工程，这从工程水利与资源水利的因果特征中可以看出。工程水利阶段的特征，一是水资源量与质充分满足生活、生产需求；二是除害兴利通过工程措施便能达到目的；三是政府的水行政主管部门单纯为修工程、管工程服务。资源水利阶段的特征，一是水资源供不应求，不能无限制取用；二是从国民经济可持续发展的高度研究水资源的开发、利用、保护等项工作；三是政府水行政主管部门不仅重视水利工程的兴修与管理，而且在宏观层次上对水资源实行统一管理。因此，实现由工程水利向资源水利的转变，是生产力发展过程的必然要求，是自然和社会发展规律作用的必然结果，是水利事业由一个阶段发展到另一个更高、更全面阶段的质变过程。

二、明确水利工程管理的指导思想、基本思路

深化改革，坚持加强管理与壮大水利产业，促进经济、社会、环境协调发展相结合，通过改革、改制、改造和增强内部管理，努力构筑与市场经济体制相适应的水利工程管理体系，促进水利工程管理的规范化、科学化、现代化。适应市场经济发展的要求，深化水利工程管理体制改革，促进水利工程管理由计划经济模式向市场经济模式转变。

三、进一步强化和完善水利工程管理措施

第一，进一步完善分级管理体制，建立法人管理责任制。水行政主管部门要对辖区内

水利工程统一管理，进一步划分事权，落实管理法人，形成行政管理与法人管理相结合，以法人管理为主体的管理体制，迅速建立起权责明确的水利工程法人管理责任制。

第二，继续坚持群专结合的路子。水利工程不论大小，都要走群众管理和专业管理相结合的道路，充分发挥受益区群众参与管理的积极性，自觉接受群众监督，增强服务功能，树立良好形象，建立融洽的群众关系，切实提高水利工程的综合效益，确保水利工程可持续利用和良性运转。

第三，实行目标管理责任制 要按照水利工程的实际情况，明确增值保值责任和奖惩办法，实行竞争上岗和各种行之有效的目标管理责任制。

第四，要进一步建立和完善水、电价的形成机制。对公益性水利工程实行成本价，非公益性水利工程实行“成本+合理利润”的水价政策，放开小型水利工程水价，实行最高限价。应将水利工程的管理人员工资、维修费用纳入成本，建立水利工程维修养护基金，形成良性运行机制。

第五，加强科学管理，努力提高管理者的素质和水平。要加强管理技术自动化、现代化的研究，加强防汛、供水工程的科学调度和运用管理，加快工程管理预警系统建设，对国有水利工程逐步实现信息化管理，努力提高水利工程管理的科技含量。要积极培养和引进既懂水利又懂管理，既懂经济又懂法律的复合型管理人才，加强现有管理人员的培训，培育一批技术管理队伍，通过提高管理者素质和管理水平，达到加强水利工程管理的目的。

第六，大力开展水利综合经营。各级水利管理单位要依托工程资源优势，围绕主业，积极开展综合经营，兴办实体。要进一步增强水的商品意识，挖掘水土资源潜力，认真做好项目包装，积极开展招商引资，大力发展水利第二、第三产业。进一步调整产业结构，改善职工福利待遇和工作生活条件，增强水利工程管理的后劲。

第七，加强政府的宏观管理。各级政府和水行政主管部门要加强对各类水利工程的宏观调度和动态管理，加强水利工程在防洪、抢险、抗旱救灾、应急调水等事务中的统一调度和指挥。要通过制定政策，增加投入，检查督促等手段，教育、引导、督促水利工程管理法人建立科学的管理机制，切实加强水利工程管理力度。

四、正确处理好建设和管理的关系

第一，每一项水利工程在立项审批、规划设计、施工组织中都要考虑工程管理问题。要把工程管理设施、监测观测、交通通信及信息化工程等管理项目纳入工程建设计划，与主体工程同时设计，同时施工，同时验收投入使用。

第二，工程验收中要把管理作为重要内容。任何一项水利工程建设都要按照其等级履行相应的验收程序。对没有组织验收的水利工程，不得交付使用。验收报告中应附具水利工程管理预案，验收后必须由验收主持单位出具验收纪要或验收单，并纳入工程管理档案。验收纪要（单）中，应对工程交付使用后的管理提出要求，对管理预案提出评价意见。对列入建设计划的管理措施没有完成的项目不能通过验收。

第三，建立水利工程管理台帐。各级水行政主管部门要对所分管的各类水利工程定期进行普查，建立小（二）型以上水利工程管理台帐，需要报废的，可以按规定程序申请报废；需要交付使用的，要通过验收后交付使用；对存在突出问题的，要及时研究予以解决；需要维修改造的，可按轻重缓急，编制维修改造计划，逐步实施。对微型水利工程可实行动态管理，以行政村为单位进行总量控制，通过产权改革，实行社会化管理。对每年需要上水利工程管理台帐的，可由工程管理单位按管理权限向水行政主管部门提出申请，经审查同意后方可列入，作为水利部门编制规划和年度计划的依据。

五、切实加强对水利工程管理工作的领导

水利工程的管理包括行政管理、技术管理、运行管理和经营管理。各级人民政府和水行政主管部门要切实加强对水利工程管理的领导，增加投入，经常研究和解决水利工程管理中存在的问题，关心工程管理单位和人员的工作和生活，协调指导两个文明建设，要尽快建立健全水利工程管理的法人管理责任制，推行和完善经营管理责任制。要把水利工程管理纳入各级领导的目标考核，要立足工程实际，从运行机制、增强内部管理、制定管理政策上下功夫，努力把我市水利工程建设和管理成机制科学、形象优良、服务有力、管理到位、效益显著的基础设施，促进我市国民经济持续快速协调发展。

第三节　水利工程劳动积累

劳动积累是水利工程建设的投资形式之一，水利工程的良性运行，必须重视劳动积累管理。水利工程劳动积累是水利工程经济管理的重要内容。

一、劳动积累及其地位

劳动积累是直接劳动形态的积累，即活劳动的积累，是现阶段农业和水利投资的重要形式之一。劳动积累与农业生产过程中一般的活劳动投入不同，劳动积累不计入当年产品

价值的形成，或只是部分计入产品的价值，它所创造的全部价值或部分价值，直接作为生产基金体现在所形成的固定资产上，作为生产资料而存在。

把农业，尤其是种植业上的剩余劳动力和剩余劳动时间，投向农田水利、公路交通、绿化造林等基础设施的建设，形成农业产业化投入，一是可以扩大劳动领域和劳动对象，使剩余劳动力和剩余劳动时间转化为必要劳动力和必要劳动时间，避免农村劳动力资源的闲置和浪费；二是通过劳动积累加强水利建设和农村基础设施建设，改善农业生产条件，为第一产业素质的提高和农村产业的发展提供条件；三是劳动积累与工资报酬相结合，使农民既可以通过当前的劳动积累、劳务收入适当提高收入水平，又可以改善生产条件扩大农业再生产，为较大幅度地增加收入奠定基础。多兴办一些农民能直接受益的小型水利工程，条件许可时适当修建一些国家水利工程和地方水利工程，在现阶段水利投资中具有举足轻重的地位。

水利既是农业的命脉，也是国民经济的命脉。财政对水利的投资，重点用于流域性治理和防洪保安骨干工程以及跨省、市的区域性工程建设，对于关系到农业生产条件改善、农民能直接或间接受益的小型农田水利建设，除国家适当补助外，主要依靠受益主体引导农民增加投入，进行劳动积累。增加劳动积累，是增加水利投入的极其有效的途径，是群众办水利方针的具体体现。

二、建立劳动积累制度应遵循的原则

（一）投入收益挂钩原则

农村双层经营体制的建立，使农民从事农业生产，开始讲求经济效益，传统的那种不区分工程性质和受益范围、单纯依靠行政手段、要农民出工出勤已难以奏效。农民转而乐意在那些与自身利益直接相关的农田灌溉和防洪排涝工程上进行劳动投资，水利建设上的局部受益与全局受益之间的界限、经济效益与社会效益之间的界限日益明朗，要求区分工程的不同情况，按受益范围、受益性质合理负担。凡属农民直接受益的工程，应当完全由农民自建、自管、自用、自修；属于乡、村范围受益的工程，本着等价交换、互利互助的精神，实行统一规划、分期实施、以工换工、逐年找平的办法；属于联合治理、民办公助的工程，要改变单纯按田亩、按劳力投工的办法；属于社会效益、长期效益的大型工程，则应由财政投资，对于农民投工部分，则应按不低于当地劳务报酬的价格支付工资。实行投入收益挂钩原则，就是要运用经济手段使农民自觉进行劳动积累。

（二）量力适度原则

劳动积累属于农业扩大再生产范畴，尤其是水利建设和农田基本建设的劳动投入，回收期长，在一个较长时期内往往是投入多（活劳动和相应的生活资料、生产资料的投入），产出少或不产出（为社会提供产品），如果劳动积累的规模超过了剩余劳动力、剩余劳动时间的数量和剩余资金的能力，就势必要影响农业生产的正常进行和农民的正常生活。扩大劳动积累，即在增加活劳动投入的同时，或多或少地也要增加必要的劳动资料，不能把劳动积累看成是纯粹活劳动的投入，而是以活劳动投入为主的劳动密集型为扩大再生产而从事的积累。因此，劳动积累同样要遵循简单再生产是扩大再生产的基础和出发点的原理，不能超越现有农业生产条件和农民的承受能力。总之，劳动积累的规模、速度，受制于民力、物力和国家财力，要坚持量力适度的原则。

（三）效益原则

讲求实效，提高工效，是提高经济效益、生态效益和社会效益的基础。马克思指出：“从社会角度看，劳动生产率还随同劳动的节约而增长。这种节约不仅包括生产资料的节约，而且还包括一切无用劳动的免除。”劳动积累主要是活劳动的积累，要努力减轻劳动强度，提高工效，在机械施工经济效益高的地方，要大力研制、积极推广各类施工机械。劳动积累大都是属于改善农业生产条件和劳动资料（如提高土地肥力、改善生态环境）方面的，有些并不能带来直接的经济效益，而是带来间接的生态效益、社会效益，但归根结底也能带来经济效益。因此，要合理处理好当前利益和长远利益、局部利益和整体利益的关系。

三、水利工程建设中劳动积累的对策

（一）提高对劳动积累的认识

农村经济发展离不开水利建设，水利建设必须增加劳动积累。农村经济发展是与多年的劳动积累所取得的水利建设的成就分不开的，现有水利设施是农业持续、稳定、高产的物质基础，必须进行维修保护，以发挥工程效益，同时，必须继续兴修一些水利工程。因此，劳动积累是不可少的。虽然直接活劳动积累的形式要逐步由资金货币形式的投入所代替，但仍须有一定素质的劳动力从事农田水利建设。

（二）劳动积累形式多样化

顺应劳务商品化趋势的要求，有劳动力愿意自己出工的可以以工抵工；自身挤不出劳动时间的可以请工代工；也可以出资金以代替应出的劳动义务工。实行以资代劳，应根据当地劳务价格水平，其代劳金额的确定应能补偿投劳人员的工资支出。水利投资造价应按投工的实际价值计算工程投资总额，以适应农村劳务商品化的要求。

（三）提高水利建设资金的有机构成

农村市场经济的发展和劳务价格的提高，为逐步提高水利建设资金的有机构成提供了可能。应积极研制和大力推广各类适用的水利施工机械，以提高水利建设的劳动效率和经济效益。

（四）“五小”工程产权重组，进一步盘活资产存量

产权重组既是“五小”水利经营机制的改革，也是水利工程劳动积累的高级形式。这一高级形式的内涵，是农业生产者以物化劳动积累的形式一次性投入水利固定资产，表现为货币形态的投资转化成实物形态，是水利工程劳动积累形式下的水利扩大再生产，属于盘活水利资产存量范畴。“以产权换资金，以存量带资量”，以增量促劳动积累，从而建立适合农村市场经济发展的水利新型资产运行机制，是实现农村产业化的经济基础。

四、农村水利劳动积累工实施办法

第一条：为搞好农村水利建设，增强农业发展后劲，根据国家和省有关规定，特制定本办法。

第二条：农村水利劳动积累工（以下简称劳动积累工）是指县、乡范围内，在防洪、除涝、灌溉、水土保持、人畜饮水等农田水利工程的兴建和维修过程中，受益地区农民的义务献工。

劳动积累工不包括农民在承包土地内的平整土地、整修田间沟渠用工，也不包括国家兴办的大型水利工程基建用工和防汛抢险所用的义务工。

第三条：提供劳动积累工是农民应尽的责任。每个农村劳动力每年投入的劳动积累工一般不能少于十五至二十个工日，个别地区不能少于十个工日。有机动车、畜力车的农户，还要出三至五个车工。

劳动积累工的具体数量，由各县、区自行确定。可根据土地、人口、耕地比例分配，

也可按劳动力数量分配。

第四条：属于防洪排涝、供排水和改善生态环境的工程，城镇受益地区内的企事业单位和居民也应分担一部分劳动积累工任务。由所在县、区水利部门安排。

第五条：使用劳动积累工应做到计划用工，合理负担。县（区）和乡（镇）使用劳动积累工的分配比例，可共同协商确定。跨村、乡、县的工程用工分别由上一级水利部门提出计划，由受益的县、乡、村组织出工。

第六条：出工组织形式一般应实行集体统一组织投工，也可以在统一规划下，根据工程量大小，按照一定的劳动定额分户投工。对于工程量较大、用工较多的工程，可本着等价交换、互助互利的精神，实行“统一规划，分期实施、轮流治理，逐年找平”的办法。

第七条：对年投工超过规定数量的单位或个人，有关水利部门应予奖励，对不投工或年投工不足规定数量的可以资顶工，以保证工程施工。对不出工又不出资的，应予罚款。

第八条：从今年起对水利工程补助费的发放实行以奖代补的形式。对完成劳动积累工的县、区、乡、镇，上级水利部门本着择优原则给予投资。对没完成劳动积累工任务的，将不投资或减少投资。

第九条：各地要切实加强劳动积累工的管理，完善考核、奖惩制度，建立农村劳动积累工帐目，年终结算公布。每个农户要有劳动积累工手册。

第十条：各级水利部门要认真做好各类水利工程的前期工作，搞好工程规划、设计和施工图表，以使劳动积累工发挥更大的效益。

第十一条：各县、区可根据本地实际情况，制定劳动积累工实施细则。

第四节　水利工程造价管理

一、水利水电建筑产品的特点和价格特点

（一）水利水电建筑产品的特点

与一般工业产品相比，水利水电建筑产品具有以下特点。

①不同建筑产品的建设施工地点不固定性。建筑产品都是在选定的地点上建造的，如水利工程一般都是建在河流上或河流旁边，它不能像一般工业产品那样在工厂里重复地批量进行生产，工业产品的生产条件一般不受时间及气象条件限制。由于水利水电建筑产品

的施工地点不同，使得对于用途、功能、规模、标准等基本相同的建筑产品，因其建设地点的地质、气象、水文条件等不同，其造型、材料选用、施工方案等都有很大的差异，从而影响着产品的造价。此外，不同地区人员的工资标准以及某些费用标准，例如材料运输费，冬、雨季施工增加费等，都会由于建设地点的不同而不同，使建筑产品的造价有很大的差异。水利水电建筑产品一般都是建筑在河流上或河流旁边，受水文、地质、气象因素的影响大，形成价格的因素比较复杂。

②建筑产品的单件性。水利水电工程一般都随所在河流的特点而变化，每项工程都要根据工程的具体情况进行单独设计，在设计内容、规模、造型、结构和材料等各方面都互不相同。同时，因为工程的性质（新建、改建、扩建或恢复建等）不同，其设计要求不一样。即使工程的性质或设计标准相同，也会因建设地点的地质、水文条件不同，其设计也不尽相同。

③建筑产品生产的露天性。水利水电建筑产品的生产一般都是在露天进行的，季节的更替，气候、自然环境条件的变化，会引起产品设计的某些内容和施工方法的变化，也会造成防寒防雨或降温等费用的变化，水利水电工程还涉及施工期工程防汛。这些因素都会使建筑产品的造价发生相应的变动，使得各建筑产品的造价不相同。

此外，由于建筑产品规模大，大于任何工业产品，由此决定了它的生产周期长，程序多，涉及面广，社会协作关系复杂，这些特点也决定了建筑产品价值构成不可能一样。

水利水电建筑产品的上述特点，决定了它不可能像一般工业产品那样，可以采用统一价格，而必须通过特殊的计划程序，逐个编制概预算来确定其价格。

（二）水利水电建筑产品的价格特点

1. 水利水电建筑产品的属性

商品是用来交换的、能满足他人需要的产品。它具有价值和使用价值两种属性。水利水电建筑产品也是商品，水利水电建筑企业进行的是商品生产。

①水利水电建筑企业生产的建筑产品是为了满足建设单位或使用单位的需要。由于建筑产品建设地点的不固定性、建筑产品的单件性和生产的露天性，建筑企业（承包者）必须按使用者（发包者）的要求（设计）进行施工，建成后再移交给使用者。这实际上是一种“加工定做”的方式，先有买主，再进行生产和交换。因此，水利水电建筑产品是一种特殊的商品，它有着特殊的交换关系。

②建筑产品也有使用价值和价值。建筑产品的使用价值表现在它能满足用户的需要，这是由它的自然属性决定的。在市场经济条件下，建筑产品的使用价值是它价值的物质承

担者。建筑产品的价值是指它凝结的物化劳动和活劳动。

2. **建筑产品的价格特点**

建筑产品作为商品，其价格与所有商品一样，是价值的货币表现，是由成本、税金和利润组成的。但是，建筑产品又是特殊的商品，其价格有自身的特点，其定价要解决两方面的问题：一是如何正确反映成本；二是盈利如何反映到价格中去。

承包商的基本活动，是组织并建造建筑产品，其投资及施工过程，也就是资金的消费过程。因此，建造工程过程中耗费的物化劳动（表现为耗费的劳动对象和劳动工具的价值）和活劳动（表现为以工资的形式支付给劳动者的报酬）就构成了工程的价值。在工程价值物化劳动消耗及活劳动消耗中的物化劳动部分就是建筑产品的必要消耗，用货币形式表示，就构成建筑产品的成本。所以，工程成本按其经济实质来说，就是用货币形式反映的已消耗的生产资料价值和劳动者为自己所创造的价值。

事实上，在实际工作中，工程成本或许还包括一些非生产性消耗，即包括由于企业经营管理不善所造成的支出、企业支付的流动资金贷款利息和职工福利基金等。

由此可见，实际工作中的工程成本，就是承包商在投资及工程建设的过程中，完成一定数量的建筑工程和设备安装工程所发生的全部费用。需要指出的是，成本是部门的社会平均成本，而不是个别成本，应准确地反映生产过程中物化劳动和活劳动消耗，不能把由于管理不善而造成的损失都计入成本。

关于盈利问题有多种计算类型：一是按预算成本乘以规定的利润率计算；二是按法定利润和全部资金比例关系确定；三是按利润与劳动者工资之间的比例关系确定；四是利润一部分以生产资金为基础，另一部分以工资为基础，按比例计算。

建筑产品的价格主要有以下两个方面的特点。一是建筑产品的价格不能像工业产品那样有统一的价格，一般都需要通过逐个编制概预算进行估价。建筑产品的价格是一次性的，同时具有地区差异性。二是建筑产品坐落的地区不同，特别是水利水电工程所在的河流和河段不同，其建造的复杂程度也不同，这样所需的人工、材料和机械的价格就不同，最终决定建筑产品的价格具有多样性。

从形式上看，建筑产品价格是不分段的整体价格，在产品之间没有可比性。实际上它是由许多共性的分项价格组成的个性价格。建筑产品的价格竞争也正是以共性的分项价格为基础进行的。

二、水利水电工程造价的概念及分类

（一）工程造价的概念

工程造价是基本建设项目建设造价的简称，包括两层含义，即建设项目的建设成本和工程承发包价格。二者既有区别，又相互联系。

1. 二者之间的区别

①建设成本的边界涵盖建设项目的全部费用，工程价格的范围却只包括建设项目的局部费用，如承发包工程的费用。在总体数额及内容组成上，建设成本总是大于工程承发包价格的。这种区别即使对“交钥匙”工程也是存在的，比如业主本身对项目的管理费、咨询费、建设项目的贷款利息等是不可能纳入工程承发包范围的。

②建设成本是对应于业主而言的。在确保建设要求、质量的基础上，为谋求以较低的投入获得较高的产出，建设成本总是越低越好。工程价格如工程承包价格是对应于发包方、承包方双方而言的。工程承发包价格形成于发包方与承包方的承发包关系中，亦即合同下的买卖关系中。双方的利益是矛盾的。在具体工程上，双方都在通过市场谋求有利于自身的承发包价格，并保证价格的兑现和风险的补偿，因此双方都需要对具体工程项目进行管理。这种管理显然属于价格管理范畴。

③建设成本中不含业主的利润和税金，它形成了投资者的固定资产，工程价格中含有承包方的利润与税金。

2. 二者之间的联系

①工程价格以“价格”形式进入建设成本，是建设成本的重要组成部分。

②实际的建设成本（决算）反映实际的工程承发包价格（结算），预测的建设成本则要反映市场正常行情下的工程价格。也就是说，在预测建设成本时，要反映建筑市场的正常情况，反映社会必要劳动时间，亦即通常所说的标准价、指导价。

③建设项目中承发包工程的建设成本等于承发包价格。承发包一般限于建筑安装工程，在这种情况下，建筑或安装工程的建设成本也就等于建筑或安装工程承发包价格。

④建设成本的管理要服从工程价格的市场管理，工程价格的市场管理要适当估计建设成本的承受能力。

无论工程造价的哪种含义，它强调的都只是工程建设所消耗资金的数量标准。

（二）水利工程的费用构成

建设项目费用是指工程项目从筹建到竣工验收、交付使用所需要的费用总和。水利工程建设项目费用有建筑及安装工程费、设备费、施工临时工程费、独立费用、预备费、建设期融资利息。

1. 建筑及安装工程费

建筑及安装工程费由直接工程费、间接费、企业利润、税金四部分组成。

（1）直接工程费

直接工程费指建筑及安装工程施工过程中直接消耗在工程项目上的活劳动和物化劳动。由直接费、其他直接费和现场经费组成。

①直接费

直接费指施工过程中耗费的构成工程实体和有助于工程形成的各项费用，包括人工费、材料费和施工机械使用费。

A. 人工费指直接从事建筑安装工程施工的生产工人开支的各项费用，包括基本工资、辅助工资、工资附加费、劳动保护费等。

B. 材料费指用于建筑安装工程上的消耗性材料、装置性材料和周转性材料摊销费，包括定额工作内容规定应计入的未计价材料和计价材料。材料预算价格一般包括材料原价、包装费、运杂费、运输保险费和采购及保管费 5 项。

C. 施工机械使用费指消耗在建筑安装工程项目上的机械磨损、维修安装、拆除和动力燃料费用及其他有关费用等，包括折旧费、修理及替换设备费、安装拆卸费、机上人工费和动力燃料费等。

②其他直接费

其他直接费是指直接费以外在施工过程中直接发生的其他费用，包括冬、雨季施工增加费，夜间施工增加费，特殊地区施工增加费和其他。

A. 冬、雨季施工增加费指在冬、雨季施工期间为保证工程质量和安全生产所需增加的费用，包括增加施工工序，增设防雨、保温、排水等设施消耗的动力、燃料、材料以及因人工、机械效率降低而增加的费用。

B. 夜间施工增加费指施工场地和公用施工道路的照明费用。

C. 特殊地区施工增加费指在高海拔和原始森林等特殊地区施工而增加的费用。

D. 其他包括施工工具用具使用费、检验试验费、工程定位复测、工程点交、竣工场地清理、工程项目及设备仪表移交生产前的维护观察费等。

③现场经费

现场经费包括临时设施费和现场管理费。

A. 临时设施费指施工企业为进行建筑安装工程施工所必需的但又未被划入施工临时工程的临时建筑物、构筑物和各种临时设施的建设、维修、拆除、摊销等费用，如供风、供水（支线）、供电（场内）、夜间照明、供热系统及通信支线，土石料场，简易砂石料加工系统，小型混凝土拌和浇筑系统，木工、钢筋、机修等辅助加工厂，混凝土预制构件厂，施工排水、场地平整、道路养护及其他小型临时设施。

B. 现场管理费包括以下几个方面。

a. 现场管理人员的基本工资、辅助工资、工资附加费和劳动保护费。

b. 办公费指现场办公用具、印刷、邮电、书报、会议、水、电、烧水和机体取暖（包括现场临时宿舍取暖）用燃料等费用。

c. 差旅交通费指现场职工因公出差期间的差旅费、误餐补助费，职工探亲路费，劳动力招募费，职工离退休、退职一次性路费，工伤人员就医路费，工地转移费，以及现场职工使用的交通工具运行费、养路费及牌照费。

d. 固定资产使用费指现场管理使用的属于固定资产的设备、仪器等的折旧、大修理、维修费和租赁费等。

e. 工具用具使用费指现场管理使用的不属于固定资产的工具、器具、家具、交通工具和检验、试验、测绘、消防用具等的购置、维修和摊销费等。

f. 其他费用。

（2）间接费

间接费是相对于直接工程费而言的，指的是施工企业为建筑安装工程施工而进行组织与经营管理所发生的各项费用。一般由企业管理费、财务费用和其他费用组成。

①企业管理费

企业管理费是指施工企业为组织施工生产经营活动所发生的管理费用。内容包括以下几点。

A. 管理人员的基本工资、辅助工资、工资附加费和劳动保护费。

B. 差旅交通费指企业职工因公出差、工作调动的差旅费、误餐补助费，职工探亲路费，劳动力招募费，离退休、退职职工一次性路费及交通工具油料、燃料、牌照、养路费等。

C. 办公费指企业办公用具、纸张、账表、印刷、邮电、书报、会议、水电、烧煤（气）等费用。

D. 固定资产折旧、修理费指企业属于固定资产的房屋、设备、仪器等折旧及维修等的费用。

E. 工具用具使用费指企业管理使用的不属于固定资产的工具、用具、家具、交通工具和检验、试验、消防用具等的维修和摊销费等。

F. 职工教育经费指企业为职工学习先进技术和提高文化水平按职工工资总额计提的费用。

G. 劳动保护费指企业按照国家有关部门规定标准发放给职工的劳动保护用品的购置费、修理费、保健费、防暑降温费、高空作业及进洞津贴、技术安全措施费，以及洗澡用水、饮用水的燃料费等。

H. 保险费指企业财产、管理用车辆等的保险费用。

I. 税金指企业按规定缴纳的房产税、管理用车辆使用税、印花税等。

J. 其他包括技术转让费、设计收费标准中未包括的应由施工企业承担的部分施工辅助工程设计费、投标报价费、工程图纸资料费及工程摄影费、技术开发费、业务招待费、绿化费、公证费、法律顾问费、审计费、咨询费等。

②财务费用

财务费用指企业为筹集资金而发生的各项费用，包括企业经营期间发生的短期融资利息净支出、汇兑净损失、金融机构手续费、企业筹集资金发生的其他财务费用，以及投标和承包工程发生的保函手续费等。

③其他费用

其他费用是指企业定额测定费及施工企业进退场补贴费。

（3）企业利润

企业利润指按规定应计入建筑安装工程费用中的利润。

（4）税金

税金指国家对施工企业承担建筑、安装工程作业收入所征收的营业税、城市维护建设税和教育费附加。

2. 设备费

设备费包括设备原价、运杂费、运输保险费和采购保管费。

3. 施工临时工程费

施工临时工程费是指在水利水电基本建设工程项目的施工准备阶段和建设过程中，为保证永久建筑安装工程的施工而修建的临时工程和辅助设施的费用。

4. 独立费用

独立费用指在生产准备和施工过程中与工程建设直接有关联而又难于直接摊入某个工程的费用。其内容包括建设管理费、生产准备费、科研勘测设计费、建设及施工场地征用费和其他5项。

(1) 建设管理费

建设管理费指建设单位在工程项目筹建和建设期间进行管理工作所需的费用，包括项目建设管理费、工程建设监理费和联合试运转费。

①项目建设管理费

项目建设管理费包括建设单位开办费和建设单位经常费。

A. 建设单位开办费指新组建的工程建设单位，为开展工作所必须购置的办公及生活设施、交通工具等，以及其他用于开办工作的费用。

B. 建设单位经常费包括建设单位人员经常费和工程管理经常费。

a. 建设单位人员经常费。指建设单位从批准之日起至完成该工程建设管理任务之日止，需开支的经常费用。其主要包括工作人员的基本工资、辅助工资、工资附加费、劳动保护费、教育经费、办公费、差旅交通费、会议费、交通车辆使用费、技术图书资料费、固定资产折旧费、零星固定资产购置费、低值易耗品摊销费、工具用具使用费、修理费、水电费、采暖水利工程造价与招投标费等。

b. 工程管理经常费指建设单位从筹建到竣工期间所发生的各种管理费用，包括该工程建设过程中用于资金筹措、召开董事（股东）会议、视察工程建设所发生的会议和差旅等费用；建设单位为解决工程建设涉及的技术、经济、法律等问题需要进行咨询所发生的费用；建设单位进行项目管理所发生的土地使用税、房产税、合同公证费、审计费、招标业务费等；施工期所需的水情、水文、泥沙、气象监测费和报讯费；工程验收费和由主管部门主持对工程设计进行审查、安全进行鉴定等费用；在工程建设过程中，必须派驻工地的公安、消防部门的补贴费以及其他属于工程管理性质开支的费用。

②工程建设监理费

工程建设监理费指在工程建设工程中聘任监理单位，对工程的质量、进度、安全和投资进行监理所发生的全部费用。其包括监理单位为保证监理工作正常开展而必须购置的交通工具、办公及生活设备、检验试验设备以及监理人员的基本工资、辅助工资、工资附加费、劳动保护费、教育经费、办公费、差旅交通费、会议费、技术图书资料费、固定资产折旧费、零星固定资产购置费、低值易耗品摊销费、工具用具使用费、修理费、水电费、采暖费等。

③联合试运转费

联合试运转费指水利工程的发电机组、水泵等安装完毕，在竣工验收前，进行整套设备带负荷联合试运转期间所需的各项费用。其主要包括联合试运转期间所消耗燃料、动力、材料及机械使用费，工具用具购置费，施工单位参加联合试运转人员的工资等。

（2）生产准备费

生产准备费指水利建设项目的生产、管理单位为准备正常的生产运行或管理发生的费用。包括生产及管理单位提前进厂费、生产职工培训费、管理用具购置费、备品备件购置费和工器具及生产家具购置费。

①生产及管理单位提前进厂费

生产及管理单位提前进厂费指在工程完工之前，生产、管理单位有一部分工人、技术人员和管理人员提前进厂进行生产筹备工作所需的各项费用。其包括提前进厂人员的基本工资、辅助工资、工资附加费、劳动保护费、教育经费、办公费、差旅交通费、会议费、技术图书资料费、零星固定资产购置费、修理费、低值易耗品摊销费、工具用具使用费、水电费、取暖费等，以及其他属于筹建任务应开支的费用。

②生产职工培训费

生产职工培训费指工程在竣工验收之前，生产及管理单位为保证生产、管理工作能顺利进行，需对工人、技术人员与管理人员进行培训所发生的费用。其包括基本工资、辅助工资、工资附加费、劳动保护费、差旅交通费、实习费以及其他属于职工培训应开支的费用。

③管理用具购置费

管理用具购置费指为保证新建项目的正常生产和管理所必须购置的办公与生活用具等费用，包括办公室、会议室、资料档案室、阅览室、文娱室、医务室等公用设施需要配置的家具器具费用。

④备品备件购置费

备品备件购置费指工程在投产运行初期，由于易损件损耗和可能发生事故，而必须准备的备品备件和专用材料的购置费。不包括设备价格中配备的备品备件。

⑤工器具及生产家具购置费

工器具及生产家具购置费指按设计规定，为保证初期生产正常运行所必须购置的不属于固定资产标准的生产工具、器具、仪表、生产家具等费用。不包括设备价格中已包括的专用工具。

（3）科研勘测设计费

科研勘测设计费指工程建设所需的科研、勘测和设计等费用。包括工程科学研究试验费和工程勘测设计费。

①工程科学研究试验费

工程科学研究试验费指在工程建设工程中，为解决工程的技术问题，而进行必要的科学研究试验所需的费用。

②工程勘测设计费

工程勘测设计费指工程从项目建议书开始至以后各阶段发生的勘测费、设计费，包括可行性研究、初步设计和施工图设计阶段（含招标设计）发生的勘测费、设计费。

（4）建设及施工场地征用费

建设及施工场地征用费指根据设计确定的永久及临时工程征地和管理单位用地所发生的征地补偿费用，以及应缴纳的耕地占用税等。其主要包括征用场地上的林木、作物的补偿，建筑物迁建及居民迁移费等。

（5）其他

①定额编制管理费

定额编制管理费指水利工程定额的测定、编制、管理等所需的费用。该项费用交由定额管理机构安排使用。

②工程质量监督费

工程质量监督费指为保证工程质量而进行的检测、监督、检查工作等的费用。

③工程保险费

工程保险费指工程建设期间，为使工程能在遭受水灾、火灾等自然灾害和意外事故造成损失后得到经济补偿，而对建筑、设备及安装工程实行保险所发生的费用。

④其他税费

其他税费指按国家规定应缴纳的与工程建设有关的税费。

5. 预备费

预备费指在设计阶段难以预料而在施工过程中又可能发生的规定范围内的工程项目和费用，以及工程建设内发生的价差，包括基本预备费和价差预备费。

（1）基本预备费

基本预备费主要为解决在工程施工过程中，经上级批准的设计变更和国家政策性变动增加的投资以及解决意外事故而采取措施所增加的工程项目和费用。

（2）价差预备费

价差预备费主要为解决在工程项目建设过程中，因人工工资、材料和设备价格上涨以及费用标准调整而增加的投资。

6. 建设期融资利息

建设期融资利息指根据国家财政金融政策规定，工程在建设期内需偿还并应计入工程总投资的融资利息。

（三）水利水电工程造价的分类

①在区域规划和工程规划阶段，工程造价文件的表现形式是投资匡算。

②在可行性研究阶段，工程造价文件的表现形式是投资估算。

③在初步设计阶段，工程造价文件的表现形式是投资概算，个别复杂的工程需要进行技术设计，表现形式是修正概算。

④在招标设计阶段，工程造价文件的表现形式是执行概算，以此为据编制招标标底，施工企业（厂家）要根据项目法人提供的招标文件编制投标报价。

⑤在施工图设计阶段，工程造价文件的表现形式是施工图预算。

⑥在竣工验收过程中，工程造价文件的表现形式是竣工决算。

（四）水利水电工程造价与基本建设程序的关系

根据我国基本建设程序的规定，在工程的不同建设阶段，要编制相应的工程造价。

1. 投资估算

投资估算是指在项目建议书阶段、可行性研究阶段对建设工程造价的预测，它应考虑多种可能的需要、风险、价格上涨等因素，要打足投资、不留缺口，适当留有余地。它是项目建议书、可行性研究文件的重要组成部分，是控制拟建项目投资的最高限额，是根据规划阶段和前期勘测阶段所提供的资料、有关数据对拟建项目所做出的不同建设方案进行比较、论证后所提出的投资总额，这个投资额连同可行性研究报告一经上级批准，即作为该拟建项目进行初步设计、编制概算投资总额的控制依据。

2. 设计概算

设计概算是指在初步设计阶段，设计单位为确定拟建基本建设项目所需的投资额或费用而编制的工程造价文件。设计概算是国家控制建设项目投资总额，编制年度基本建设计划，控制基本建设拨款、投资贷款的依据；是实行建设项目投资包干，招标项目控制标底的依据；是控制施工图预算，考核设计单位设计成果经济合理的依据；也是建设单位进行成本核算、考核成本是否经济合理的依据。

3. 修改概算

由于水利水电工程受自然、地质条件变化的影响很大，加之建设工期长，受物价变动等因素的影响也较大，因此对设计概算的修正是正常的。其目的是对在编制设计概算时所确定或所依据的某些发生变化了的条件和内容进行修改，以代替原来编制的设计概算。但由于变化的内容多种多样，因而修改的形式也是多种多样的。

①概算调整书形式，主要适用于设计概算的局部修改，如设备、材料价格变动的调整。

②补充概算形式（也称追加概算），主要适用于设计需修改或增加一个或几个项目。

③修改概算书形式，主要适用于修改范围广、内容较多的工程。

④概算重编本形式，主要适用于原设计概算的编制原则、采用的标准发生变化，须重新编制设计概算以代替原设计概算。

4. 业主预算

业主预算又称执行概算，它是对确定招标的项目在已经批准的设计概算的基础上，按照项目法人的管理要求和分标情况，对工程项目进行合理调整后而编制的。其主要目的是有针对性地计算建设项目各部分的投资，对临时工程费与其他费用进行摊销，以利于设计概算与承包单位的投标价格同口径比较，便于对投资进行管理和控制。但业主工程项目间的投资调整不应影响工程投资总额，它应与投资概算总额相一致。

5. 标底与报价

标底是招标工程的预期价格，它主要是以招标文件、图纸，按有关规定，结合工程的具体情况，计算出的合理工程价格。它是由业主委托具有相应资质的设计单位、社会咨询单位编制完成的，包括发包造价、与造价相适应的质量保障措施及主要施工方案、为了缩短工期所需的措施费等。其中，主要是合理的发包造价，它应在编制完成后报送招标投标管理部门审定。标底的主要作用是招标单位在一定浮动范围内合理控制工程造价、明确自己在发包工程上应承担的财务义务。标底也是投资单位考核发包工程造价的主要尺度。

投标报价，即报价，是施工企业（或厂家）对建筑工程施工产品（或机电、金属结构设备）的自主定价。它反映的是市场价格，体现了企业的经营管理、技术和装备水平。中标报价是基本建设产品的成交价格。

6. 施工图预算

施工图预算是指在施工图设计阶段，根据施工图纸、施工组织设计、国家颁布的预算定额和工程量计算规则、地区材料预算价格、施工管理费标准、企业利润率、税金等，计算每项工程所需人力、物力和投资额的文件。它应在已批准的设计概算控制下进行编制。它是施工前组织物资、机具、劳动力，编制施工计划，统计完成工作量，办理工程价款结算，实行经济核算，考核工程成本，实行建筑工程包干和建设银行拨（贷）工程款的依据。它是施工图设计的组成部分，由设计单位负责编制。它的主要作用是确定单位工程项目造价，是考核施工图设计经济合理性的依据。一般建筑工程以施工图预算作为编制施工招标标底的依据。

7. 施工预算

施工预算是承担项目施工的单位根据施工工序而自行编制的人工、材料、机械台时耗用量及其费用总额，即单位工程成本。它主要用于施工企业内部人工、材料、机械（人、材、机）的计划管理，是控制成本和班组经济核算的依据。

8. 竣工决算和完工结算

竣工决算是建设单位向国家（或业主）汇报建设成果和财务状况的总结性文件，是竣工验收报告的重要组成部分，它反映了工程的实际造价。竣工决算由建设单位负责编制。

竣工决算是建设单位向管理单位移交财产，考核工程项目投资，分析投资效果的依水利工程造价与招投标据。编好竣工决算对促进竣工投产、积累技术经济资料有重要意义。

完工结算是施工单位与建设单位对承建工程项目的最终结算（施工过程中的结算属中间结算），完工结算与竣工决算的主要区别有两点：一是范围，完工结算的范围只是承建工程项目，是基本建设项目的局部，而竣工决算的范围是基本建设项目的整体；二是成本内容，完工结算只是承包合同范围内的工程成本，而竣工决算是完整的工程成本，它还要计入工程建设的其他费用开支、临时工程设施费和建设期融资利息等工程成本和费用。

由此可见，完工结算是竣工决算的基础，只有先做好完工结算，才有条件编制竣工决算。

三、水利水电工程造价预测的基本方法

（一）综合指标法

在项目建议书阶段，由于设计深度不足，只能提出概括性的项目，确定不出具体项目的工程量，因此编制投资估算时常常采用综合指标法。其特点是概括性强，不需作具体分析。如大坝混凝土综合指标包括坝体、溢流面、闸墩、胸墙、导流墙、工作桥、消力池、

护坦、海漫等；综合指标中包括人工费、材料费、机械使用费及其他费用并考虑了一定的扩大系数。在编制设计概算时，水利水电工程的其他永久性专业工程，如铁路、公路、桥梁、供电线路、房屋建筑工程等，也可采用综合指标法编制设计概算。

（二）单价法

将建安工程按工程性质、部位划分为若干个分部分项工程，其划分的粗细程度应与所采用的定额相适应，根据定额给定的分部分项工程所需的人工、材料、机械台时数量乘以相应人工、材料、机械的价格，求得人工费、材料费和机械使用费，再按有关规定的其他直接费、现场经费、间接费、企业利润和税金的取费标准，计算出工程单价。各分部分项工程的工程量分别乘以相应的工程单价，然后，合计求得工程造价。

单价法计算简单、方便。但由于我国的单价法确定人工、材料、机械定额数量的标准反映的是一定时期和一定地区范围的“共性”，与各个具体工程项目的自然条件、施工条件及各种影响因素的“个性”之间存在有差异，有时甚至差异还很大。这也是用统一定额计算单价，预测工程造价的主要弊端。

（三）实物量法

实物量法预测工程造价是根据确定的工程项目、施工方案及劳动组合，计算各种资源（人、材、机）的消耗量，求得完成工程项目的基本直接费用。其他费用的计算过程和单价法类似。实物量法编制工程造价的关键是施工规划，该方法编制工程造价的一般程序如下所述。

1. 直接费分析

①把工程中的各个建筑物划分为若干个工程项目。如土方工程、石方工程、混凝土工程等。

②把每个工程项目再划分为若干个施工工序，如石方工程的钻孔、爆破、出渣等工程。

③根据施工条件选择施工方法和施工设备，确定施工设备的生产率。

④根据所要求的施工进度确定各个工序的施工强度，由此确定施工设备、劳动力的组合，根据进度计算出人工、材料、机械的总数量。

⑤将人工、材料、机械的总数量分别乘以相应的基础单价，计算出工程直接费用。

⑥工程直接费用除以该工程项目的工程量即得直接费单价。

2. 间接费分析

根据施工管理单位的人员配备、车辆和间接费包括的范围，计算施工管理费和其他间接费。

3. 承包商加价分析

根据工程施工特点和承包商的经营状况等因素，具体分析承包商的总部管理费、中间商的佣金、承包人不可预见费以及利润和税金等费用。

4. 工程风险分析

根据工程规模、结构特点、地形地质条件、设计深度，以及劳动力、设备材料等市场供求状况，进行工程风险分析，确定工程不可预见准备金。

5. 工程总成本计算

工程总成本为直接成本、间接成本、承包商加价之和，再加上施工准备工程费、设备采购工程、技术采购工程及有关公共费用、保险、不可预见准备金、建设期融资利息等。

实物量法的主要缺点是计算比较麻烦、复杂。但这种方法是“逐个量体裁衣”，针对每个工程项目的具体情况预测工程造价，对设计深度满足要求、施工方法符合实际的工程采用此方法比较合理、准确，这也是国外普遍采用此方法的缘故。

四、水利水电工程概算编制程序

（一）设计概算编制依据

①国家及省、自治区、直辖市颁发的有关法令、法规、制度、规程。

②国家和地方各级主管部门颁布的水利水电工程设计概算编制规定、办法、细则。

③现行水利水电工程设计概（估）算费用构成及计算标准。

④现行水利水电工程概算定额和有关行业主管部门颁发的定额。

⑤水利水电工程设计工程量计算规定。

⑥初步设计文件。

⑦有关合同协议及资金筹措方案。

⑧其他。

（二）设计概算编制程序

1. 准备工作

①了解工程概况，即了解工程位置、规模、枢纽布置、地质、水文情况、主要建筑物的结构型式和主要技术数据、施工总体布置、施工导流、对外交通条件、施工进度及主体工程施工方案等。

②拟订工作计划，确定编制原则和依据；确定计算基础价格的基本条件和参数；确定所采用的定额、标准及有关数据；明确各专业提供的资料内容、深度要求和时间；落实编制进度及提交最后成果的时间；编制人员分工安排和提出计划工作量。

③调查研究、收集资料。主要了解施工砂、石、土料储量、级配，料场位置、料场内外交通条件，开挖运输方式等。收集物资、材料、税务、交通等价格及主要设备价格资料，调查新技术、新工艺、新材料的有关价格等。

2. 计算基础单价

基础单价是建安工程单价计算的重要依据。应根据收集到的各项资料，按工程所在地编制年价格水平，执行上级主管部门的有关规定进行分析计算。

3. 划分工程项目、计算工程量

按照水利水电基本建设项目划分的规定对工程项目进行划分，并按水利水电工程量计算规定计算工程量。

4. 套用定额计算工程单价

在上述工作的基础上，根据工程项目的施工组织设计、现行定额、费用标准和有关基础单价，分别编制工程单价，计算设备购置费。

5. 编制各部分工程概算

根据工程量、设备清单、工程单价和费用标准分别编制各部分概算。

6. 进行人工、材料、机械分析汇总

将各工程项目所需的人工工时和费用，主要材料数量和价格，施工机械的规格、型号、数量及台时，进行汇总。

7. 汇总总概算

各部分概算投资计算完成后，即可进行总概算汇总，主要内容为以下几点。

①汇总建筑工程、机电设备及安装工程、金属结构设备及安装工程、施工临时工程、

独立费用五部分投资。

②五部分投资合计之后，再依次计算基本预备费、价差预备费、建设期融资利息，最终计算静态总投资和总投资。

8. 编写编制说明及装订整理

最后编写编制说明并将校核、审定后的概算成果一同装订成册，形成设计概算文件。

五、水利水电工程概算文件组成

（一）概算正件组成内容

1. 编制说明

（1）工程概况

工程概况是初步设计报告内容的概括介绍，主要包括流域、河系、工程兴建地点，对外交通条件，工程规模、工程效益、工程布置形式，主体建筑工程量，主要材料用量，施工总工期，施工总工时，施工平均人数和高峰人数，资金筹措情况和投资比例等。

（2）主要投资指标

工程静态总投资和总投资，年度价格指数，基本预备费费率，建设期融资额度、利率和利息等。

（3）编制原则和依据

①概算编制原则和依据。

②人工预算单价，主要材料，施工用电、风、水、砂石料等基础单价的计算依据。

③主要设备价格的编制依据。

④费用计算标准及依据。

⑤工程资金筹措方案。

（4）概算编制中其他应说明的问题

主要说明概算编制方面的遗留问题，影响今后投资变化的因素，以及对某些问题的处理意见，或其他必要的说明等。

（5）主要技术经济指标表

以表格形式反映工程规模，主要建筑物及设备形式，主要工程量、主要材料及人工消耗量等主要技术指标。

（6）工程概算总表

工程概算总表由工程部分总概算表与移民、水保和环保部分总概算表汇总而成。

2. 工程部分概算表

（1）概算表

①总概算表。

②建筑工程概算表。

③机电设备及安装工程概算表。

④金属结构设备及安装工程概算表。

⑤施工临时工程概算表。

⑥独立费用概算表。

⑦分年度投资表。

⑧资金流量表。

（2）概算附表

①建筑工程单价汇总表。

②安装工程单价汇总表。

③主要材料预算价格汇总表。

④次要材料预算价格汇总表。

⑤施工机械台时费汇总表。

⑥主要工程量汇总表。

⑦主要材料量汇总表。

⑧工时数量汇总表。

⑨建设及施工场地征用数量汇总表。

（二）概算附件组成内容

①人工预算单价计算表。

②主要材料运输费用计算表。

③主要材料价格计算表。

④施工用电价格计算书。

⑤施工用水价格计算书。

⑥施工用风价格计算书。

⑦补充定额计算书。

⑧补充施工机械台时费计算书。

⑨砂石料单价计算书。

⑩混凝土材料单价计算表。

⑪建筑工程单价表。

⑫安装工程单价表。

⑬主要设备运杂费率计算书。

⑭临时房屋建筑工程投资计算书。

⑮独立费用计算书（按独立项目分项计算）。

⑯分年度投资表。

⑰资金流量计算表。

⑱价差预备费计算表。

⑲建设期融资利息计算书。

⑳计算人工、材料、设备预算价格和费用依据的有关文件、询价报价资料及其他。概算正、附件均应单独成册并随初步设计文件报审。

第五节　水利工程后评价

一、水利工程后评价的目的

水利工程后评价的目的是从已完成的水利工程中总结正反两个方面的经验教训，提高工程管理水平，制定相关政策，促进已建水利工程更好地发挥效益，以此指导在建工程及待建工程。在社会主义市场经济条件下，在建立和完善水利五大体系的过程中，及时地开展水利工程后评价工作，全面了解水利工程所发挥的经济效益和社会效益，总结水利规划、设计、工程运行、经营管理等方面的经验，对水利工程效益发挥的诸多影响因素进行系统分析，定性、定量研究后提出改进措施，制定、修改和完善水利工程经营管理考核指标，为拟建工程的规划设计和相应规范的修订完善提供有益的参考资料，对执行水利产业政策、巩固水利基础产业地位等方面都具有重要的现实意义。后评价也是加强水利行业国际合作与交流的必要内容之一。

二、水利工程后评价的内容

水利工程后评价过程涉及的内容较多，主要有：从工程技术、财务及经济方面来评价工程的运行情况和效益；工程对社会和环境广泛而又长远的作用和影响；项目的可持续运行。

（一）工程过程后评价

工程过程后评价是指对已建水利工程本身而言，从工程的规划、设计、施工到运行管理的全过程，分析工程运行后产生效果的原因和处理意见。一般可分为工程后评价和工程运行管理后评价。

（二）社会后评价

社会后评价是为了求得自然、社会、环境与人类之间的综合平衡，使水利工程的运行、管理更具科学化和决策民主化，将工程的决策水平提高到一个新的高度。水利工程的社会评价是促进国民经济持续、健康发展的一项重要措施，水利工程的社会效益涉及人口、自然、环境、资源、文化等诸多方面，辐射范围非常广泛，构成了一个跨行业、跨地区、跨流域的空间辐射网络。

水利工程社会评价采用定性和定量相结合的方法。定性部分主要是描述性地阐述工程对社会发展的影响及其程度，定量部分则根据社会评价指标体系，分别计算相应的评价指标值的大小，分析其影响的程度。社会评价包括社会环境影响评价、社会经济影响评价、自然环境影响评价、自然资源影响评价等方面的内容。其影响因素及评价因素归纳为以下几个方面：①社会环境影响评价主要因素有迁移人口、生活环境、安全保障、传染病、防治灾害、供水、交通运输、劳动就业等。②社会经济影响评价因素有地区经济发展布局、流域经济发展布局等。③自然环境影响评价因素主要有水土流失及滑坡、文物、自然景观、水环境污染等。④自然资源影响评价因素主要有水资源开发利用程度，水资源的时空分布及优化配置，以及水资源在工业、农业、居民生活、水产、水土保持等方面效益的确定。

（三）财务和经济后评价

1. 财务评价

水利工程财务后评价是从水利工程管理单位的角度，根据工程实际发生的历年财务收支资料，按统一的价格水平，计算财务内部收益率、财务净现值、财务效益费用比等财务评价指标，并据此进行盈亏状况及还贷能力的比较分析，提出改善运营状况的措施和政策。财务后评价与拟建工程前评价不同的是，工程的各项费用和效益已有历年的实际发生值，而拟建工程的效益和费用是采用评价年份的价格水平所进行的预测值。

2. 国民经济评价

水利工程国民经济后评价是从国民经济管理的角度，把实际发生的效益和费用用影子价格换算为国民经济效益和费用流程，计算国民经济评价指标、经济内部收益费用比、经济净现值，以此全面地分析、评价水利工程运行后对国民经济和社会发展的作用及影响。

（四）环境影响后评价

水利工程环境影响后评价是指水利工程建成后对小气候及水文、泥沙、水质、周围生态环境等方面的影响进行评价，据此分析水利工程建成后对改善环境方面的效益及弊端，提出对策及建议。环境影响后评价常采用定量与定性相结合的评价方法。

（五）可持续发展评价

可持续发展评价具有后评价的综合性质，主要是分析水利工程在将来能否有效地延续下去，并达到预期目标，也就是水利工程能否良性运行。可持续发展评价要提出水利工程良性运行、保持可持续发展所需的内部和外部条件及其所需承担的风险。影响水利工程持续性的因素很多，但首要的是政策因素，即中央有关政策的补充和完善，以及地方政府对上级政策的贯彻和落实；其次是生态因素和管理机制因素；再次是技术因素和社会文化因素。

三、水利现代化评价方法

（一）水利现代化的评价标准

水利现代化建设不是封闭的，而是应该在国家整个现代化进程的大背景下，制定水利现代化的指标体系。同时，水利现代化建设与其他相关部门的现代化进程要衔接，因为水是整个经济社会发展的重要支撑和保障。水利现代化的实施，应分地区制定不同的指标，使其与当地经济社会发展水平相配匹，在综合评价指标中通过二级指标来体现。

水利现代化建设是纲要性质的，是制定规划的基本依据，因此水利现代化建设不能等同于水利发展规划，有些工程标准属于设计规范要求，不能与现代化指标混淆。现代化是一个具有动态性、综合性、指导性、能反映现代化水平的纲领性文件，因此现代化的评价指标也是综合性的。

水利现代化指数能反映现代化水平，但不要与工作目标混合起来。水行政许可、审批

（审查）率达 100%，水事纠纷的调查处理率和水事案件办结率达到 90% 以上等指标，在未实施现代化的地区也应该达到的，并是实施现代化应达到的指标。

从国际经验来看，年人均综合用水量是衡量一个国家经济发达水平的指标，用水结构是衡量一个国家工业化程度和生活水平的指标，单方水效益是衡量一个国家科技水平的指标。

现代化指标指数的制定应以水利统计资料为基础，经过筛选后，选择能直接反映现代化水平的指标，以权重形式，根据百分制打分形成综合评价指数。虽然综合评价指数法复杂一些，但能综合反映现代化水平。现代化指标的制定，并非越高越好，而是以体现进入现代化建设底线（或进入现代化门槛的指标）为宜。

现代化水利体系和评价指标，最好将定性和定量分开，以免透明度不够。从定性和定量这两个方面评价，能充分反映水利现代化的实际水平。但现代化指标也不宜过多、过复杂，应切实可行，具有可操作性。

（二）水利现代化综合评价实施要点

水利现代化涉及 4 个方面：水利现代化是国家现代化建设的重要组成部分，是国家现代化的重要支撑和保障；水利现代化建设是一项庞大的系统工程；水利现代化是一个不断发展的动态历史过程；水利现代化需要不断进行制度创新。

从系统角度看，水利现代化应以流域为尺度，结合流域经济发展需求，统筹考虑流域整体的水利现代化建设。因此，对流域水利现代化评价需强调以下几个方面。

一是流域水利现代化是区域现代化的一个组成部分。水资源是基础性的自然资源和战略性的经济资源，其战略性地位得到普遍认同。流域水利现代化不是一个孤立的系统，而是国家社会经济发展的重要组成部分，也是区域现代化的一个组成部分。

二是流域水利现代化的内容与进程评判要与所在区域的现代化相联系。流域水利现代化支撑区域现代化的发展，其评价要以区域现代化对水利的需求为依据。

三是根据现代化本质评价现代化。现代化动力表征是指一个国家或地区的发展现实能力，发展推动能力、发展竞争潜力及其可持续性。动力指自然资本、生产资本、人力资本和社会资本的总和。

四是落实到流域水利现代化上。流域水利现代化的动力是指流域水利的持续发展能力。在对水利现代化进行评价时，要分两个方面进行：一方面，是水利现代化的进程评价，从静态结果反映水利现代化的水平；另一方面，是水利现代化的可持续发展能力评价，从动态过程反映水利现代化水平。

四、水利建设项目后评价

（一）建设项目后评价与前评价的区别

建设项目前评价是指在项目决策之前，通过深入细致的调查研究和技术经济论证，分析项目的技术可行性、财务可行性和经济合理性，为项目决策提供可靠依据；而后评价则是在项目建成并运行一段时间以后，对项目进行的回顾评价。

（二）水利建设项目后评价的特点和内容

1. 水利建设项目后评价的特点

水利工程的类型千差万别，与其他建设项目相比，水利建设项目因其建设周期长、投资额度大、社会影响面广、社会问题复杂等特点，与其他建设项目相比，有其较为特殊的一面。水利建设项目后评价的特点主要有以下几点。

（1）现实性

项目前评估采用的效益和运行费用都是预测数据，具有一定的不稳定性；而后评价所依据的数据是已经发生的实际数据或根据现实情况重新预测的数据。项目后评价是分析研究项目从规划设计、立项决策、施工建设直到生产运行的实际情况，因而要求在项目建成、生产运行一段时间以后进行。

（2）全面性

进行水利项目后评价，既要研究项目的实际投入情况，分析项目的投资和建设过程，又要分析生产运行过程，深入分析项目的成败得失，总结项目的经验教训，提出进一步提高项目效益的意义和建议。

（3）公正性

水利建设项目后评价要分析已完成工程现状，发现问题、研究对策并探索未来发展方向，因而要求项目后评价人员具有较高的业务水平和不偏不倚的公正态度，参加项目后评价的人员，应该排除该项目的决策者和前期咨询评估人员。

（4）反馈性

水利建设项目后评价的成果和信息，应该及时反馈给委托评估单位和有关部门，如国家投资决策部门、设计施工单位、项目咨询评估机构等，使其能够了解情况，有目的、吸取经验教训，改进和提高今后工作的质量。同时应有计划地向社会反馈，通过新闻媒介，强化社会各部门的监督作用。

（5）重点性

水利建设项目后评价既要全面分析项目的投入和产出，又要突出重点，针对项目存在的主要问题，提出切实可行的改善措施和建议，切忌面面俱到，没有重点，不解决主要问题的后评价报告。

2. 水利建设项目后评价的内容

不同的部门、行业，其后评价的内容是不尽相同的。从水利建设项目后评价来看，其主要内容有以下几点。

（1）规划、设计和立项决策后评价

根据建成后历年的观测资料和发现的问题，进一步检查原来的地质勘测资料。对于建成运用10年以上或在建成后不久即发生特大洪水或遭遇连续干旱年份的水利项目，此时应进行水文水利复核计算，修正原来的水文水利计算成果和工程规划设计。

（2）工程建设后评价

在叙述本工程原来的施工组织设计的基础上，调查研究实际施工情况和竣工、验收报告是否符合施工组织设计要求，实际施工过程有无改进和不足之处，工程质量有无问题，总结经验教训，提出合理化建议。

（3）工程管理后评价

着重研究历年调度运用和经营管理情况，从中发现问题，提出改进办法和措施，并在水工建筑物运行工况和监测数据分析的基础上，分析建筑物的稳定安全，是否存在工程质量问题。最后对整个水利工程提出工程后评价结论和建议。

（4）财务后评价

在水利工程后评价中，财务评价是整个后评价中的重点之一。在进行评价时，其参数和计算方法应以《水利建设项目经济评价规范》（SL 72—2013）为依据。在计算时，首先应进行固定资产重估，对综合利用水利工程还应进行投资分摊。对财务收入和支出均采用历年实际数字列表计算，但应考虑物价指数进行调整。

（5）国民经济后评价

国民经济评价和财务评价相同，也应该以《水利建设项目经济评价规范》（SL 72—2013）为依据，把财务评价中的重估投资和重估年运行费换算为影子投资和影子年运行费，效益也应按影子价格进行调整，并应注意采用与财务评价相同的价格水平年。

（6）移民安置后评价

先要叙述移民安置后评价的目的、意义和要求，然后介绍工程初步设计阶段已批准的移民安置规划，并把目前已实施的移民安置情况和移民安置规划进行对比，从中找出问题，提出对策和建议。

(7) 总结分析

提出本工程的综合后评价结论。

(三) 完善我国水利工程项目后评价的建议

水利建设项目后评价应把解决工程本身问题放到与为未来项目投资决策服务同等的地位，并给以更多的关注。同时，要注重项目设计、施工、建设管理和运行管理的经验教训的总结。

1. 建立独立的后评价机构

为保证后评价工作能做到独立、客观、公正，设置独立的后评价机构十分重要。在水利部设立后评价机构，对我国大型水利施工企业项目的评价与总结进行管理，着重评价建成项目是否达到原定的规模、标准和内容；项目是否能充分发挥其社会效益，项目使用单位有无改变原建设功能和使用用途，是否挪用社会公益性资产变相搞经营性业务等内容。通过项目后评价发现宏观投资中的不足，为水利投资计划、政策制定提供依据。

在各省（市）设立相应的后评价机构，从事各省（市）水利投资项目后评价的管理工作并协助水利部项目后评价机构做好大型项目的后评价，收集项目资料，指导和管理项目后评价报告的编制，提出评审意见等，为项目后评价收集材料，积累经验。

此外，还要设置专门从事水利建设项目后评价的中介公司，政府部门只是对项目后评价进行管理和指导，大量具体的项目后评价工作主要靠中介公司来完成，负责项目后评价报告的编制，并将后评价结果反馈给有关部门。各级后评价机构和中介公司应具有相对的独立性和相当的权威性，以保证后评价的真实、可靠，使后评价能真正起到为后续决策提供参考的作用。

2. 建立后评价反馈机制

项目后评价意义重大，但后评价要起到作用，还必须通过将水利建设项目后评价的信息反馈给水利等有关部门，以及时纠正项目实施和项目决策中存在的问题，从而提高未来项目决策的科学化水平。如果项目后评价的结果仅仅停留在书本上，而不能为全社会所分享，那么再好的项目后评价也起不到应有的作用。所以，要使项目后评价真正发挥作用，就必须加强构建水利建设项目后评价的反馈机制，后评价的结果应向有关部门、单位公开，有的甚至应该通过报纸、杂志、网络等手段向全社会公开，让项目的完成情况及后评价结论由全社会共享，这样既可以增强前评价人员的责任感，促使前评价人员努力做好前评价工作，提高预测的准确性，又能提高项目决策者、建设者的责任感，并使后来者从中学到经验，提高项目决策的科学化水平。

第六章　水利经济的管理实践与发展

第一节　防洪经济管理

一、防洪经济分析

经济分析是市场经济条件下的各种社会行为、经济行为的价值论证。防洪经济分析是防洪系统工程表现的社会经济目标的价值取向。由于防洪经济分析它的原则、方法、评价环境等方面具有明显的制度特征，因而使得我国防洪经济分析具有一定的特殊性。

（一）洪水分析

洪水分析就是对防洪参数进行定量研究，在收集和整理流域资料和水文资料的基础上建立数学模型，如水文学中的流域降雨径流模型以及水力学中非恒定流理论的洪水演进数学模型等，进行定量预测或模拟洪水过程，并求出特定频率洪水的行进路线、到达时间、淹没范围、历时、水深及流速等参数的研究过程。较为常见的研究方法有典型洪水调查法，即通过对某种频率的历史洪水所造成的淹没情况的分析，绘制洪灾风险区域图，据此分析某地遭受不同频率洪水后其淹没损失的可能性。它一方面为洪灾保险费率的制定提供必要的政策依据；另一方面为洪泛区的开发利用和管理提供技术经济的分析基础。洪灾风险区域图的局限性是只研究淹没范围和洪水频率之间的关系，而事实上，除了淹没范围外，表现洪灾特性的要素还有流量、流速、淹没水深和淹没历程等。根据地形、地貌等特点将洪灾风险区划分成若干分区，水文、地理条件相近的地区归为同一分区，根据计算成果和调查资料，再建立洪灾特性要素与洪水频率相关模型，绘制相关图，分析洪灾损失。

洪水分析中的洪水频率和防洪措施的选定对洪水分析影响较大，应进行多方案比较分析。

1. 洪水频率的选定

洪水是一种随机性的自然灾害，不同频率的洪水所造成的受灾程度差别很大，选择比较符合实际的洪水频率用于洪水分析至关重要。选择适当的洪水频率，确定洪灾风险区，是合理计算防洪保险费率的主要依据和前提。

我国地域广阔，相应气候条件下的影响因素差异很大，江河的洪水特性也不尽相同，加之各地区社会经济发展水平不平衡，以及受水利工程特征及非工程防洪措施的影响，各流域抵御洪灾的能力也不尽相同。在充分考虑流域洪水特性及社会经济条件的前提下，整个流域或条件相近的流域选用相同的洪水频率计算洪水损失时，应参考历史上发生过且查证有据的大洪水的损失计算，力求使流域的防洪标准和社会经济发展水平相适应。

2. 防洪措施的影响

流域内兴建的水利工程设施不同程度地改变着流域的经济特征，对洪灾风险程度的影响极为显著。相同频率的洪水发生在有水利工程和无水利工程的情况下洪灾损失相距甚远。同时，水利工程使用不当或工程失事也会增加洪灾风险。在绘制洪灾风险区域图时，首先应考虑流域在原始状态下某种频率洪水可能造成的洪灾风险。对于那些已变成防洪受益地区，通过历史上发生过的洪水调查或理论上经还原推算确认是历史上洪水淹没过的地区，则仍应划入洪灾风险区内。这是因为，这些地区的变化源于水利工程措施的保护，或是由于使用了分洪、滞洪等非工程措施使之得以保全，或两种原因兼而有之。总之，这些地区受益是因为有投入，兴修水利工程的费用和分洪、滞洪区的非自然淹没损失、收益在经济上应建立起一种合理的补偿关系。洪水分析就是要把局部的、短期的洪灾损失分摊到一个较大的面积上和较长的时期内，改变洪灾损失只由国家和受灾地区承受的局面，使得全体受益者共同承担洪灾损失。

（二）洪灾损失分析

洪灾损失分析是在洪水分析的基础上依据洪灾风险区内社会经济状况计算多年洪灾损失平均期望值，并结合典型洪水洪灾损失的专项调查结果，最终确定洪灾损失率。从理论上讲，防洪保险费率等于洪灾损失率。因此，洪灾损失分析直接影响到保险费率制定的准确性和合理性。

1. 洪灾损失分类

洪灾损失包括经济损失和非经济损失。经济损失是可用货币计算的损失，它又可分为直接损失、间接损失和净收入损失。直接损失是指由于洪水淹没而造成财产的直接损坏或消失，如农作物减产，牲畜丢失，房屋、设备、物资、工程设施等遭受洪水损坏被更新或修复完好所花费的费用等。间接损失是指由于洪水淹没导致交通、通讯中断以及其他事故，致使经济活动受阻或停滞而造成的损失。它是洪灾损失的重要组成部分，是影响防洪经济效益的重要方面。

非经济损失是难以或不便于用货币计量的损失，如人员伤亡和伤亡者家属精神上的痛苦，洪水围困所导致的生活不便、疾病流行、环境恶化等。

从保险理论来看，上述洪灾损失中非经济损失属于不可保风险，因而在洪灾风险分析中不予考虑。因为防洪保险的保险金额上限应是保险标的物的实际价值，因此洪灾损失保险赔偿的一般做法是，当直接损失与间接损失之和超过标的物本身价值时，保险人只赔付其实际价值的部分，不超额赔付。而对净收入损失，应单独作为一种保险标的投保，需要在洪灾风险分析时单独核算。

2. **洪灾损失计算**

（1）影响洪灾损失率的因素

洪灾损失率通常是指受灾地区财产损失值与受灾前正常年份财产值之比。影响洪灾损失率的因素很多，它与灾区的地形、地貌、经济状况、淹没水深、历时、流速、洪水间隔时间、洪水在年内的发生时间、洪水预报的预见期、救灾指挥组织情况等众多因素有关，且不同地区、不同种类财产遭受同样频率洪水时，其洪灾损失率也不相同。因此，洪灾分析一般是分地区、财产种类进行洪灾损失率计算。

（2）洪灾损失率计算

在计算洪灾损失率前，首先，要全面分析影响洪灾损失率的主要因素的权重，以便在洪灾损失调查中，有重点、有目的地收集资料。其次，是根据不同频率的洪灾风险区，按财产性质或品种不同分别计算各类财产的损失率，然后按所在地区各类财产所占比重加权分析，计算地区平均洪灾损失率。

洪灾损失率计算是一项政策性很强的工作，是防洪经济分析的基础。洪灾损失的一部分，可通过实物、货币等表示，但如生命死亡等精神上带来的痛苦则无法用货币计算。由于洪灾损失涉及面广，影响因素多，即使能用实物或货币表示的损失，要估计准确也很困难。因此，要重视实地调查研究，洪灾较小的地区应全面调查。如果洪灾面较广，一般可选择若干个有代表性的区域作典型调查，先求出这些地区单位面积上的损失价值，然后再推算到整个受灾区域。

洪灾损失主要有以下几个方面。

一是面上的损失。

①农业损失。根据受灾作物种类、种植面积、产量、减产成数确定。

②群众财产损失。群众财产包括集体和个人的房屋、生产生活用品、口粮、牲畜。一般根据浸水时间、浸水深度分别确定其损失率。

③城镇财产损失。包括城镇工业、商业、水电、卫生、粮食、农机等有关部门的固定资产、流动资产的损失以及因淹没停产、减产所减少的正常产值利润等损失。

二是铁路、工矿损失。

对于交通和大型工矿洪灾损失要进行专门估算。交通洪灾损失包括铁路、公路、航运等因水灾中断客、货运输所遭受的损失。特别是铁路中断对国民经济影响很大，它包括中断期间客、货运损失，线路修复费等，同时还要计算铁路中断引起的间接损失。

大型工矿企业（如钢厂、煤矿、炼油厂等）洪灾所造成的损失具有明显的行业特点，应针对各自的特点分别计算。

三是其他损失。

如洪灾期间国家支付的生产救灾、医疗救护费；死亡、病伤抚恤金；面临洪水时的抗洪抢险费；堤防决口、洪水泛滥、泥沙毁田、河道及排灌系统淤塞、土地肥力减弱等损失费。

（三）防洪经济评价方法、评价指标

1. 评价方法

防洪工程是发展国民经济、保障社会安定的重要基础设施，属于社会公益性建设项目，社会经济效益和环境效益较大。从防洪经济分析的经济原理看，直接的财务效益低。因此，防洪经济评价应以国民经济评价为主。但由于防洪工程运行中普遍存在的运行经费不足等问题，对防洪工程财务状况进行分析研究，进而提出改善工程运行条件、维持工程正常运行所必需的年运行费数额就显得十分必要。

财务状况分析的主要内容包括以下几个方面。

①调查研究单项防洪工程在运行期间内各年的实际运行费用。

②按国家有关经济政策的规定，核定维持工程正常运行需要的年运行费。

③研究解决年运行费来源的提建，将国家财政补贴与政策优惠结合起来。

2. 评价指标

国民经济评价是从国民经济整体角度考虑建设项目给国民经济带来的净贡献，主要包括国民经济盈利能力评价和外汇效果评价以及对难以价值量化的社会环境效果进行定性评价。

项目国民经济盈利能力评价应用于防洪经济分析，主要采用经济内部收益率和经济净现值评价指标。在防洪工程建设的多方案比较及筛选时，又往往采用经济净现值率、差额投资内部收益率等排序指标。在项目初选时，采用投资净收益率和投资净增值率等静态指标。

3. 辅助指标

为便于综合分析，应同时列出各可行方案的辅助指标，如方案的占地、毁田、淹没数量；城镇人口或重要厂矿企业安置迁移的数量与可能性；历史上大洪灾损失情况；年平均防洪效益；各方案总投资数、投入时间及资金来源；工期长短；对环境、古迹、风景的影响等。

4. 其他因素

除上述评价指标外，还有许多其他因素影响方案选择。这些因素对方案选择起举足轻重的作用，如劳动就业因素、国家扶持老少边穷地区政策、稀有金属矿藏、珍禽异兽栖息等。类似这些因素在方案比较综合评定时应予以综合权衡。

（四）非工程防洪措施

所谓“非工程防洪措施”实质上就是对洪泛区防洪事务在洪水到达之前已作出适当安排。非工程防洪措施对减轻洪水灾害而言是消极对策，从实施过程及其后果处理看，却是积极的防洪对策。主要内容包括以下几点。

1. 承受损失

允许洪水带来损失，但对各种频率洪水带来的损失已进行较高精度的预测分析和效益比较，并就补救措施作出周密安排，尽量控制损失。例如在洪水威胁高发地区采取“一水一麦”种植高秆作物，加高居民住宅，建设避洪楼等措施；划清洪泛区类别（如分为严禁区、限制区、警报区）；确定“行洪道”“行洪边缘带”等。

2. 洪水保险与社会救济

洪水保险不能减少洪水损失，但它是洪水损失支付的较好措施。洪水保险将洪水损失转变为预期偿付、共同承担。另一措施是当灾害发生后，通过政府拨款和社会救助筹集救灾基金，以补偿个人无法承担的洪水损失。

3. 加强洪水预警自动化系统建设

完善的防洪自动化系统能更快地获取水文气象资料及流域洪水动态情况，通过水情（如洪峰、洪量、洪水抵达时间、洪水历时、流速等）传输系统向有关单位发布预报、警报，从而尽可能减少洪灾损失。

4. 改变气候

通过人工措施，改变雨云地域特征。这一高科技措施，已在许多国家应用。通过改变气候特征减缓洪水损失，是未来经济发展的研究方向。

二、减少洪水灾害的措施

（一）强化行政首长负责制

防汛是政府行为，是各级政府为保护辖区内人民生命财产安全、保障社会稳定、促进生产力发展而采取的有组织、有目的的防范措施。市场经济条件下防汛实行行政首长负责制，它为贯彻防汛政策提供了强有力的组织保证。汛时采取行政手段将本地区各方面的力量有机地组织起来，更有效地减少了洪灾损失。因此，强化行政首长负责制，是做好防汛工作的关键。

（二）规范防洪减灾的政府行为

1. 组织和投入

对于防洪减灾事业，可以采取政府和民间共同举办。民间是相对政府而言的一个广义概念，它包括社会各个行业、企业、农村和公民；政府则是指从中央到地方的各级政府。对于防洪减灾这样非盈利性而又关系到社会经济发展的特定事业，政府行为应该主要体现在组织和投入两个方面。防汛工作实行行政首长负责制，这就要求政府是必然的组织者。虽然每个单位和公民都有参加防汛抢险的义务，但只能是由政府来组织。对于防洪工程建设，虽然可以采取多方集资，受益者共同出资、出劳等多种方式，但也要由政府来组织，并且政府投入的资金应该到位。

2. 控制和监督

市场经济体制的形成使得市场机制的调控范围越来越大，调控方式和手段也日趋细化，但这并不排除政府行为的控制与监督，江河湖泊的治理与开发必须依靠政府行为来实现。政府通过必要的立法，切实把防洪建设作为重要的基础设施，从经济发展、社会稳定的全局和持续发展的长期目标来制定治理开发规划，并依据规划进行防洪建设，使治理与开发既符合防洪减灾的需要，又能通过开发来促进治理。政府行为职能主要体现在控制和监督方面。

第二节 灌溉经济管理

一、节水灌溉管理

节约用水是水资源外延的扩展，节水灌溉对于我国这样一个严重缺水的农业大国，具有非常重要的经济意义。

（一）节水灌溉是提高灌溉效益的有效途径

所谓节水灌溉，就是相对于原来的灌溉用水量，采取工程、技术、管理等措施后，使水的有效利用程度提高。

普及节水灌溉在发展我国农业生产中具有重要地位和特殊作用。灌溉工程是直接为农业生产服务的，在我国灌溉工程老化、投入不足、不能满足灌溉需求的情况下，大力普及节水灌溉技术，成为旱涝保收、高产稳产、提高灌溉效益的有效途径。

解决农业缺水的矛盾一方面要千方百计开辟新的水源，另一方面要减少灌溉用水的浪费损失，提高水的有效利用率。前者受资源、资金、建设期等许多条件的制约，短期内很难有大的发展；后者相对来说投资少，见效快，潜力大。大力普及节水灌溉技术，加快发展节水灌溉事业，走以内涵挖潜为主的道路，是农业水利实现从粗放型经营向集约型经营的具体体现，是水利管理现代化的重要内容，也是构成资源水利的重要内涵。

节水灌溉是水利经济工作的革命性措施，表现在节水灌溉形式上不仅是经济的节约，耕作制度、耕作方式的变化，而且会直接影响到生产关系的变化，在生产关系的不同层面上也将影响到生产力的合理布局。资源水利建设内容十分广泛，归结起来不外乎是千方百计提高大气降水，充分利用地表水，有计划地合理开发地下水，创造条件跨流域引水。但我国水资源的特点决定了资源水利建设的根本出路在于节水，这是国民经济可持续发展的战略要求。

（二）节水灌溉管理的内容

1. *推广节水灌溉技术*

不同程度地提高水的有效利用率的单项节水技术不下百项，但达到既省水，又增产，既节省投资，又质量高、性能可靠，且近期已列入重点推广的节水灌溉技术，大体上概括为以下几个方面。

一是渠道防渗技术、渠系配套技术和管道输水技术，这是减少输水过程中水量损失的主要措施。灌溉用水过程的水量损失中，输水过程的水量损失约占2/3，因此，当前应当重点解决好这个环节的问题。二是提高田间灌水的有效利用率，包括平整土地，确定合理沟畦规划技术、节水灌溉制度、农业栽培节水技术。三是优化调配水、严格用水管理的技术。四是喷灌、滴灌技术。五是群众在实践中创造的多种简易抗旱保苗节水技术，如东北地区群众使用的“坐水种”点浇技术，山西运城群众合作的简易“渗灌”技术等。上述五类技术都是综合类别的名称，其中每一项都可以再分解成几项、几十项，甚至更多的单项先进实用技术。

2. 抓好普及节水灌溉工作

第一，要进一步提高对普及节水灌溉重要性的认识，把发展节水灌溉纳入农田水利基本建设项目的规划内容，使灌溉节水形成全社会共识，得到各有关部门的支持，在各级政府的统一组织领导下进行。水利部门要利用各种渠道和宣传工具，更广泛地做好宣传工作，宣传水的珍贵、水资源危机、节水与发展农业的关系、节水的潜力、节水的效益以及资源水利建设对节水灌溉提出的伟大变革。

第二，要完善投入机制，加强政府宏观调控引导。兴建节水灌溉工程需较多投资，作为农业基础设施建设的组成部分，投资的主体是农民，为了调动农民的积极性，吸引农民的资金向节水工程投放，中央和地方都应当安排适当的引导资金，如贴息贷款，对重点节水工程给予适量补助，并建立节水灌溉的融资机制，通过法律规定使这一机制得以有序运行。

第三，在群众已经发动起来的情况下，精心组织实施，扎扎实实讲求实效。切忌片面追求速度，搞形式主义、“一刀切”。各级水利部门要在工作上和技术上当好参谋，为领导的正确决策提供科学依据，尽快完成节水灌溉区划、规划的编制，严格筛选适用的先进技术，加强对节水设备、器材以及施工质量的技术监督。对于新的节水科研成果或群众创造的新经验，应在科学鉴定后进行小面积的田间试验，条件成熟后再大范围地推广。

第四，抓好大型灌区节水改造总体规划是搞好大型灌区节水改造工作的当务之急。大型灌区的节水改造要以节水为中心，要与灌区内社会、经济发展相协调，要与农业结构调整相适应，灌区要成为现代化的农业园区，要与发展现代化农业和“两高一优”农业相适应。大型灌区不仅要起到节水灌溉的示范作用，而且要提供气象、土壤含水量、适时灌溉、人才培训等综合服务。

（三）节水灌溉工程质量管理

节水灌溉质量管理包括以下几方面内容。

1. 规范技术设计

现行的节水灌溉技术有多种形式，有各自的特点和适用场合。在建设节水灌溉工程时，要依据当地的自然、生产和社会经济条件，特别要考虑当地的经济管理体制、资金投入能力、群众的科技文化素质以及生产发展的长远规划，从需要和可能两个方面进行技术经济论证，权衡利弊，因地制宜，量力而行，选定技术模式，然后进行工程技术设计。

2. 正确的设备选型

节水灌溉设备，尤其是各种有压管材，国家、水利部、轻工部都制定了相应的标准，但由于基层人员缺乏质量意识和标准概念，不按标准生产，加上生产设备简陋，生产流程不规范，生产工艺不齐全，没有相应的检验手段，不能控制产品的质量指标。如北方省份几乎县县都有塑料管厂，特别是一些乡镇管厂，盖上两间房子，买上一台挤塑机，再加上几个临时工就干起来。若把这些管材用到节水工程上，不仅给经济并不宽裕的农民造成严重损失，而且对节水灌溉技术的推广应用也人为地设置了障碍。

3. 合理的运行管理

喷灌能适时适量地供给作物水分，不产生地面径流和深层渗漏，属于小水勤灌。与传统的地面灌比较，其灌水定额和灌水周期都要小得多。喷灌能省水、增产，其缘由也基于此。若建好了喷灌工程，而不遵循灌水规律去运行或按照喷灌的定额灌水，仍像地面灌那样在植物生长期内灌两三遍水，水是省了，但作物将会因水分不足而减产；或还是依照传统习惯，每次喷灌灌到地面存有一定厚度的水层才停止，那么，水省不了，喷灌能增产的条件也丧失了，而且还会因水被二次加压增加能耗，增大了运行费用。因此，严格按照制定的节水灌溉制度实施灌溉，实行合理的运行管理是节水灌溉工程质量的有效保证。

合理运行的效益指标有两个。第一个指标是一个流量能浇多少地，第二个指标是每亩年灌溉用水量。

二、灌区经济管理

灌区是灌溉的区域化，实行灌溉的区域化管理是灌溉经济管理的重要方面。只有灌区经济走上科学管理的轨道，灌区经济才能在市场经济环境中得到有序发展。

（一）灌区的组织管理

灌区的组织管理采用专管、群管和民主管理三结合的管理方式。专管机构为灌区各级水利管理职能处及其下属的各乡镇水利站。灌区管理处的职责是：贯彻执行上级有关方针、政策、法令及灌区代表大会决议，负责灌区全面规划、年度计划、工程配套、维修养护、计划用水、泥沙处理等。各乡镇水利站落实管理处下达的各项工作，做好辖区的工程配套、用水管理以及基层组织工作。群管组织由片（渠）级管理组织和村级管理组织组成。片（渠）级设片（渠），负责所属片（渠）的工程管理和用水管理，并领导村级群管组织。村级设管理小组，由群众选举产生。管理小组按村辖工程数量配备管理员进行分段管理，具体负责所属的沟、渠、路、林和建筑物等管理工作。灌区代表大会和管理委员会是灌区民主管理的组织形式，灌区管理委员会是灌区代表大会的常设机构，灌区管理处和各乡镇水利站为管委会的办事机构。

加强水利管理队伍建设，通过思想教育、业务培训，树立牢固的服务意识，提高职工技术素质和管理水平。在村一级建立一支相对稳定、素质较高、热爱水利事业的群管队伍，专群结合，形成一个专业化、社会化的水利服务网络。将计划用水、定额配水、按方收费扩大到支渠一级，同时增强服务功能，服务到农户，送水到田间地头，为水走向市场创造条件。特别是近年来随着农村市场经济的发展，水利工程供水市场的完善而产生的灌区供水公司和农民用水者协会，较好地促进了灌溉的节约用水，减轻了灌区内农民的负担，使灌区管理效益实现了回归，初步实现了灌区供水经济的良性循环。

（二）灌区的工程运行管理

1. 实行三级承包合同管理

灌区在工程运行管理方面，一般实行灌区、乡、村三级承包合同管理办法。灌区负责总干渠、沉沙池及附属建筑物管理；乡负责干、支渠及建筑物工程管理；村管理斗、农级渠系及田间工程。

灌区实行计划用水合同制度，根据农作物的需水规律，并综合考虑水源情况、土壤墒情、气象条件等多种因素进行有计划的引水、灌水。实行用水合同制度，可以避免因行政干预或主观经验等。

导致的引、灌水方案的盲目性，增强农田灌溉的科学性。有条件的灌区在所辖范围内建立了土壤含水量观测网，每次灌水前由各乡镇向灌区提出用水申请，灌区将各乡镇情况汇总后，根据各土壤含水量情况、作物需水要求、水量大小等确定引配水方案。灌水期间，用水单位要求变更水位、水量，要在合同规定的时效内提出申请，由灌区统一调配。灌溉结束后，及时统计灌溉面积、用水量，检查用水计划执行情况。这一措施的落实，对建立节水型农业产生了巨大的促进作用，有效地提高了灌溉效益。

2. 实行灌溉新技术管理

灌区供水不仅要符合气象、水文、土壤条件，而且必须适应水稻本身的生长、繁育规律，这样才能保证水稻增产。水稻生产过程中生理用水，如分蘖后期、孕穗、扬花、灌浆等几个关键时期，灌水必须保证，但这几个关键时期占水稻生育期全过程用水量的比例不大，其余时间实行薄、浅、湿、晒节水灌溉新技术，是提高灌区效益的有效途径。

3. 实行灌溉泵站考核管理

考核泵站管理的七项技术经济指标是：①工程设备完好率；②能源单耗；③供水定额；④供水成本；⑤单位功率效益；⑥渠道（系）水的利用率；⑦管理单位经济效益综合指标。上述七项考核指标的计算方法都有规范性的详细说明。除了考核指标以外，泵站考核规范还提出了建立岗位责任制，搞好机电设备、渠道和建筑物等工程设施、供水管理、科学试验和技术进步及管理人员的培训、考核和奖惩等方面工作的一些基本要求和规章制度。

4. 实行灌溉工程财务分析制度

灌溉工程主管部门负责工程的运行管理和维修更新，同时向用户收取水费。主管部门财务分析的主要内容是，分析计算灌溉工程建成后所需要的工程类固定资产基本折旧费和年运行费，研究所需费用的来源，以维持灌溉工程的良性循环。

（1）费用计算

灌溉工程主管部门所需的费用包括燃料动力费、维修费、管理费、赔偿费、折旧费以及税金、保险费和贷款利息等。

①燃料动力费是指灌溉工程设施在运行管理中所耗用的煤、油、电等费用，它与年际间的运行状况有关。消耗指标一般根据规划设计资料分年核算，求其均值，或参照类似工程设施综合分析确定。

②维修费是指维修、养护工程设施所需的费用，包括日常维修、养护，岁修和大修理等费用。维修费与工程规模、设施类型和维护工作量等有关，一般按工程设施投资的一定比率（费率）进行估算，然后参照类似工程设施综合分析确定。

③管理费包括灌溉管理机构的职工工资、工资附加、行政费以及灌溉及用水管理、试验和防汛等费用。一般按各地区或各部门有关规定或参照类似工程实际开支确定。

④赔偿费用为消除灌溉措施带来的不良影响，每年所需要的开支列作赔偿费用，依具体工程综合分析后确定。

⑤税金按财税部门的税规计算。

⑥保险费按保险部门的费率执行。

⑦利息按实际资金来源的利息确定。

（2）财务收入计算

灌溉工程主管部门的财务收入主要是收取水费，以及其他收入和政府补贴。

①水费。主管部门收取的灌溉水费，应在逐项核算灌溉工程的供水成本，并分析成本构成在灌溉工程建成后的农业增产效益中所占比重的基础上，结合当地经济发展水平和农户实际承受能力来核定水费标准。

②其他收入。主管部门为农业生产提供有偿服务收入，逐步扩大水利综合经营市场价额所形成的收入，在水管单位财务制度中列作其他收入。其他收入根据工程主管部门具体情况，确定收入分配方式。

③政府补贴。为维持灌溉工程的简单再生产，逐步建立水利工程管理单位的良性循环机制，政府往往以财政等方式给予主管部门一定的补助费用，数额一般为供水成本与水费标准的差值。

第三节　水库移民经济管理

一、水库移民的前提和关键

（一）统一认识是水库移民管理的前提

1. 处理好国家、受益区、淹没区三者的关系，是移民经济的一个重要内容

水利工程的经济效益离不开库区移民所做的贡献和运行时给予的支持。库区移民因受淹没而遭受的损失应予以适当补偿，受益区因修建水库获得利益，应该承担补偿库区损失的部分责任，这是由社会主义经济利益原则决定的。这一原则的经济基础，一是经济效益，二是库区贡献，三是受益责任。第一，这一经济基础决定库区移民必然做出局部牺牲，支持大局开发水资源，这是库区人民应尽的责任。第二，移民不能单纯依靠国家解决困难，而是在国家帮助下发扬自力更生、重建家园的精神，积极改变不利条件，开发利用

新的经济资源。第三，根据库区移民的实际困难，尽可能以财力物力扶持库区移民发展生产，首先解决移民的温饱问题，再逐步实现小康，这是社会主义水库移民的特色经济。第四，处理好国家、受益区、淹没区三者关系，处理好社会主义制度决定的公平与效益的关系。

2. 水库移民安置是一项社会、经济、科学性很强的综合性工作

解决移民问题并非一个部门、一个行业或哪一个单位所能办好的事情，要依靠各级政府通过各方面共同努力，它是一项社会性很强的系统工程。库区建设也并非盖几间房、划一些地、拨几个钱这样简单和短期就能解决的。如果把移民工作单纯看做是临时安抚和发放救济的工作，不但会使移民难以脱贫致富，还会使问题越聚越多。移民工作是一项社会、经济、科学性很强的综合性工作，要与水利的公益性特点相结合来考虑解决好水库移民的问题，应清楚地看到以下几点。

①不能把水库淹没仅仅看作是一种损失，而应把淹没后形成的水库看成是一种无法替代的资源。水库储存水量，既提供了防洪、发电、灌溉、供水、航运、养殖、旅游娱乐等明显的经济效益和社会效益，而且广阔的水面调节了周围的气候，大型水体为水生物提供了良好场地，是一种极为宝贵的无法替代的经济资源，对自然环境、生态系统和社会环境都有极为重要的经济意义。

②不能把移民当成工程建设的包袱，而应把移民看成是在库区建设新环境、发展生产力的动力。水库大都建在山丘地区，那里人烟较少，山丘面积大，物产资源丰富，需要大量劳动力去开拓。合理的政策、有计划的引导开发，将移民变为建设新环境的动力，这样，既保护了工程和广阔水域资源，又促进了山区建设，是水库移民经济的特色之一。

③不能把水库移民投资仅仅作为是一种补偿，而应看成是发展山区生产、建设库区新环境的重要条件。静态的淹没处理方式往往是迁移多少人，补助多少钱；淹没多少耕地，另外配给多少耕地；搬迁多少房屋，在新居修建多少房屋等。这些安置性措施，容易形成被动局面。移民实践证明，水库移民实质是水库周围山区的建设问题，水库淹没补偿，客观上为发展山区生产建设，为群众长期致富提供了物质条件。

④不能把移民捆扎在耕地上，而必须着眼于山区多种资源和综合经营。我国是一个山多平原少的国家，水库绝大部分兴建在山丘区，土地淹没形成的移民是劳动力的新转向，即将传统的单一农业种植转变为开发山区多种资源，利用水体带来的有利条件发展生产，发展综合经营。改革开放二十多年来，库区移民利用库区多种资源发展经济，已成为水库移民经济的主要内容。

⑤不能只重视工程建设，轻视库区建设，而应将库区建设和工程建设同等对待。在规

划流域开发、兴建水利枢纽时，应把改造库区面貌、建设库区新环境作为整体规划的重要组成部分。传统的水利水电工程建设，较多地重视大坝、厂房、溢洪道等工程建设，为此投入了巨大的人力、物力、财力和科技力量，这是必要的，但对水库淹没迁移问题，虽然也投入了巨大的财力、物力，但在总体战略和微观决策上却重视不够，尤其是没有把移民问题提到流域开发整体战略高度来考虑。建设符合我国国情的社会主义市场经济，必须强调流域治理的全面规划。虽然库区建设地方政府有着义不容辞的责任，但库区建设是受主体工程的支配和影响，库区经济发展的快慢，在某种意义上取决于主体工程。如蓄水高程就是重要控制条件之一，不同的高程，其自然环境、自然资源、生态系统结构不同，发展生产方式也有所区别，移民安置方法也大不一样。因此，流域开发规划不能只做工程规划，必须把库区开发和经济建设列入规划的整体内容来进行筹划。

（二）落实政策是水库移民管理工作的关键

1. 依据政策正确处理库区移民的切身利益

水库建成后，库区和灌区的生产条件发生了明显变化，相应地也出现了上下游之间错综复杂的各种矛盾。实践证明，处理好这些矛盾的有效方法，就是认真落实好移民的有关政策。

①落实好受益负担政策，发动灌区支援库区。库区受淹，灌区受益，灌区支援库区是受益人民应尽的义务，也是加快库区建设的重要途径。近年来，政策指导下的市场调节，使库区生产的物质条件发生了巨大变化，灌区、库区形成了共同繁荣的良性机制。

②落实好经济扶持政策，把库区作为重点补助对象。水利及财政部门在平衡经费特别是水利经费时，都坚持把库区的水利工程优先规划，项目优先安排，建设资金优先扶持，生产发展基金优先供应，生活困难优先照顾，努力创造库区致富的宏观环境。

③落实水费政策，对库区给予适当减免。对灌溉用水，各种类型的灌区大都实行了“按亩配水，按方收费，现钱买票，凭票供水”的管理制度。但对库区灌溉用水水费则实行减免规定，并在供水时间上给予优先安排，保证库区适时用水。

2. 贯彻水库移民政策重在监理

我国水利工程建设推行监理制度已积累了许多成功的经验，而水利工程不仅包含各类型单个工程建设，还有水库淹没处理（统称移民迁安）。就水利工程建设而言，各类型水利水电工程都实行了建设监理制度，而水库移民安置实行工程监理制度的却不多。原因主要是移民监理有别于工程建设监理，它的特殊性在于缺乏专业法规的规范，致使移民监理工作不能有序进行。

（1）水库移民监理的必要性

水库移民受国家政策及移民管理水平的影响较大，而国家制定的政策受各种因素的制约，不可能脱离社会经济与自然条件的承受能力而制定过高的补偿标准，把移民问题全部解决彻底，一些非确定因素还只能随着实践过程的深化而逐步得到认识，国家只能出台与之相适应的政策，即采取前期适当补偿、后期扶持的政策，这一管理方式在相当程度上形成了移民工作的层次性特点。水库移民迁安涉及到社会科学和自然科学的诸多专业与行业，且专业性强，是一个复杂的系统工程，实行与之相适应的高水平管理是做好移民安置工作的当务之急。然而，现实的水库移民管理工作却停留在一个较低的水平上，这是因为，每当一个水库工程开始建设，都是地方以总承包的形式承接水库淹没处理，地方政府随之建立移民机构，由于在短期内难以配足高素质管理人员，只得从行政部门抽调人员从事移民迁安工作，这些人员一开始往往对移民政策缺乏理性认识，执行政策不力，而待他们刚有些工作经验，多数人又随着工程竣工改做其他工作，使得移民管理总是只有一次教训，没有二次经验，致使水库移民管理总是在低水平上循环运行。如何提高水库移民迁安管理水平，是移民经济管理的现实问题，而成立移民监理专职机构是解决好这一问题的有效途径。专职移民监理机构，把科学技术贯穿于移民工作的每一个环节，对移民工作实施全程监督管理，这样不仅能提高水库移民迁安工作的管理水平，同时由于监理具有科学性、公正性、廉洁性，在某种程度上能减少移民迁安工作的浪费及杜绝不正之风，把移民迁安工作做得更好。因此，水库移民监理是必要的。

诚然，移民监理专职机构并不能替代政府移民机构，只是为政府移民机构提供技术服务，并监督、检查、管理和协助移民机构进行水库淹没处理工作。而地方移民机构是执行机构，并且是主动的、积极的执行机构，监理只有通过执行机构才能实现移民安置效果。

（2）水库移民监理的特殊性

水库移民监理与工程建设监理有所不同，它的特殊性表现在以下几个方面。

①移民安置比工程建设难度大。首先，移民迁安主要对象是人，而人是最活跃的因素，对计划的影响很大，即使已定的计划，往往由于管理跟不上而受小小因素的影响便会全盘改变。其次，我国人多地少的矛盾日益突出，能开发的经济资源也十分有限，社会就业难状况短期内难以改善，加之水库淹没又多为经济不发达地区，水库淹没后移民安置困难重重。

②水利工程建设一般是在可行性研究的基础上，在实行招、投标的情况下实施建设监理，被监理单位都具有相当的技术力量和施工管理经验，建设过程中有较为完善的技术规

范可依。而移民监理不具备这些条件，监理工作难以开展，有以下几点原因。

第一，水库移民迁安设计受多种因素影响，目前很难与工程设计同步。虽然在可行性论证中一再强调水库移民的重要性，但在规划实施中并无举措。就可行性设计而言，设计单位受经费的约束，水库淹没处理设计仍停留在以补偿概算为重点的水平上，许多移民安置规划无法落实，更谈不上移民安置点的“三通一平”设计及其建筑设计，部分生产安置规划及专项设施设计仅达可行性研究水平。甚至估算补偿投资也常常发生施工概算已定而设计尚未落实的情况，实施中更由于时间紧迫，许多工作没有选择余地，施工情况与设计相比变动较大，进度、质量、投资难以控制。

第二，移民监理的对象与工程不同，工程建设是公开招标，从投标单位中择优选取施工单位，而移民迁安却涉及到移民的生产、生活，涉及一方水土的安宁，涉及政治、社会、经济、环境等因素的共同影响。移民机构除了当地政府，没有其他选择，地方政府是实施移民迁安的唯一执行者，移民监理的对象就是这些临时组建的、缺乏技术和管理经验的移民机构。

第三，工程监理的对象是施工单位，它是以盈利为目的的，在投标中已充分考虑了利润与风险，而地方移民机构是一个执行机构，不是盈利单位，移民总承包是在行政干预下的总承包，是在设计概算的基础上经上级协调，确定一个总数，由地方执行，地方政府一旦疏忽，造成经济损失就无法补偿。

第四，移民监理工作缺乏依据，工程建设监理有建设监理办法、监理单位管理办法以及完善的工程建设规程规范，而水库移民监理只能参照工程建设监理规范，移民安置工作也只有土地法规、水库淹没处理规范、水库库底清理规范、水库淹没实物指标调查细则、水利水电工程可行性研究报告等有限的几个法规和资料，大量的移民迁安工作缺乏细则规定，这给移民安置及水库移民监理带来许多困难。

（3）移民监理的内容

①协助地方政府建立移民机构，根据水库淹没的特点，从技术上对地方移民机构的配置、人员素质提出具体要求，并组织移民工作人员进行必要的业务培训和政策学习，提高移民管理机构的管理水平。

②组织设计交底，协助移民机构分析有关设计资料，对设计提出的移民安置规划作认真调查研究，制定切实可行的移民安置实施规划。

③按设计进度要求，充分考虑移民实施规划中各工程的设计、建设及移民搬迁时间，制定移民安置总进度，分年度制定详细的工作计划及资金来源规划。

④协助移民机构建立各种规章制度，如移民工程项目设计管理规划、工程建设管理和

移民工程质量管理办法、档案管理办法、财会管理办法、移民资金使用和管理办法等。

⑤协助移民机构建立档案库、计算机数据库、月报表、年报表制度，即在技术上提供档案框架结构、数据库结构程序及报表格式。

⑥协助移民机构实施移民安置规划，包括协助移民机构委托有关单位做好各种工程建设的勘测设计，协助或组织工程建设招、投标。

⑦对移民迁安工作进度进行控制，根据批准执行的移民迁安计划与各个项目实际的工作进度，定期分析比较，确保总目标的实现。

⑧对水库淹没补偿资金进行全面控制，严格执行计量支付，保证移民资金的合理正常使用，防止挪用、占用、滥用移民资金。

⑨对移民工程及专项设施进行改建、库底清理、工程施工质量控制，并组织对整个水库淹没处理的验收。

（4）移民监理的依据

移民监理工作必须有一定的依据。监理依据包括以下几点。

①国家及地方现行的各项法规。

②可行性研究报告及会议审查纪要。

③移民安置规划大纲及移民安置实施规划。

④分期移民安置计划及分年度移民安置详细工作计划。

⑤监理规划大纲与监理规划。

⑥监理与建设单位签订的监理服务协议书。

⑦移民迁安总承包协议书。

⑧移民机构与各分包单位签订的合同协议。

移民迁安总承包协议应尽量具体详细，具有可操作性，相应的移民监理规划的制定更要落到实处，才能保证监理有效可行。

（5）移民监理需要的外部环境。

移民监理的实施需要外部环境的支持，良好的外部环境是移民监理工作取得成效的关键。一是加强设计管理，使水库淹没处理设计真正和工程设计同步，二是国家应尽快加强移民监理的立法工作，使水库移民监理规范化。为此，需特别制定以下法规。

①水库移民监理办法。

②水库移民监理单位管理办法。

③水库淹没处理概（预）算编制办法。

④水库移民资金管理办法及实施细则。

⑤水库移民档案管理办法及细则。

⑥水库移民经费财务管理办法。

⑦水库征地及报批细则。

⑧移民迁安及工程验收办法。

二、水库移民的市场和效益

水库移民是政府行为，但其行为的立足点在市场，只有把水库移民工作推向市场，才能使水库移民工作走上一条良性循环的效益之路。

（一）推向市场是水库移民工作的必由之路

水库移民是一项系统工程，市场经济体制的建立和完善，市场过程的深化，必然对水库移民工作产生重要影响。

1. 市场经济对水库移民的影响

水库移民是一项社会性、政策性很强的系统工程，涉及到社会的诸多方面，如社会背景、历史条件、社会经济过程等多因素的共同作用。社会主义市场经济是法制经济，随着市场过程的深化，国家对经济行为的政策、法律、法规不断的调整和完善，要求移民工作必须认清市场经济条件下移民工作中出现的新问题、新矛盾，做到有的放矢，做好市场经济的宏观政策研究，明确以下两个方面认识。

（1）对移民安置去向的认识

市场经济遵循价值规律的作用，按效益原则运行，以追求最高利益为目标，以最小的投入获得最大的产出。这一优化过程通过市场竞争来实现，而市场竞争的结果表现为资源（人力、技术、资金等）和效益的重新配置，这是市场经济发展的必然规律。因此，移民走向市场也是市场经济的必然，且由于移民本身是一种资源（主要体现在劳力和资金上），这一特点决定了移民安置具有双向选择性，受政策和市场的双因素调节。

（2）对制定移民补偿标准的认识

市场经济机制的作用，价格体制和物资流通体制的改变，库区搬迁及建设期间所需的“三材”等物资价格全部放开，移民的生产、生活都处于市场经济的直接作用下，一些生产、生活资料价格随供求关系和地域的差异而波动，从而影响移民补偿标准的落实。在水库移民安置规划补偿标准的制定中，土地的价值是通过亩产值和补偿倍数来体现的，国家建设用地用地单位除支付补偿费外，还应当支付安置补助费；支付土地补偿费和安置补偿费尚不能使需要安置的农民保持原有生活水平的，可以增加安置补助费。但这些法规条例在实际操作时难度却较大，土地补偿费通过计算可以准确确定，安置补助费是在能否保持移民走出原有生活水平的基础上进行调整的，而农民的生活水平是难以定量反映的，特别是在市场经济条件下农民的生活水平就更难以用定量方法阐述，这是造成安置补助费“一刀切”的根本原因。因此，市场经济条件下如何合理制定移民的补偿标准和移民安置规划是正确处理国家、集体、个人三者关系的关键。

2. 遵循市场经济原则，做好移民安置工作

（1）正确处理国家、集体、个人三者关系

正确处理国家、集体、个人三者利益关系是移民成功的经济基础。水库移民大多是非志愿移民，为了水利水电工程建设需要而离开世代生息繁衍的家园，他们为国家的经济建设作出了贡献。因此，查清移民的淹没实物指标和制定合理的补偿标准及切实可行的移民安置规划，是正确处理国家、集体、个人三者关系的具体体现，是水库移民的经济基础。

（2）引导移民走向市场

计划经济体制下，政府运用行政手段或政策导向干预移民的安置动向，在很大程度上直接影响着移民区建立、生存和发展。在社会主义市场经济条件下，市场经济遵循价值规律，如果移民安置区地处偏僻地区，交通不便，资源贫乏，投资条件差，势必会造成移民走出原有的安置范围，走向投资环境好、投资产出效益高的地区。因此，在制定移民安置规划时，应遵循市场经济的价值规律，正确引导移民走向市场，多渠道安置移民，使移民逐步由非自愿安置走向自愿安置。

（3）带领移民走共同富裕之路

把移民推向市场的同时，应充分认识到库区大多地处贫困山区，由于特定的自然和社会环境，其生产、生活水平一般低于库区外经济较发达地区，移民新区对生产要素的吸纳能力较之发达地区处于劣势。建立社会主义市场经济体制，市场调节并非是经济活动的唯一手段，政府行为、宏观调控与市场调节相结合，是移民经济管理行之有效的调节手段。

（二）瞄准效益是市场经济的必然要求

1. 水库移民效益分析

（1）工程效益与淹没损失的分析

水库工程每年向社会提供的财富，一部分用以补偿水库年折现成本，另一部分用以补偿由于兴建水库的年损失财富，补偿后的富余增量，就是水库的经济效益。增量愈大，工程投资回收愈快，效益愈大。

在计算水库经济效益时，必须重视水库淹没给地区经济发展带来的物质损失。土地是极其稀缺的经济资源，具有较强的创造社会财富的能力，建库淹没后，这一创造财富的能力便转化到水库工程效益中去。所以，水库经济效益中必须列支淹没损失这一项目。

工程效益与淹没损失的经济分析方法尚待深入研究。在规划设计阶段，一般采用单位淹没指标的经济方法进行比较，但由于土地的优劣和产值的差异，近年来也有采用货币计算方法将水库工程各项年效益的综合值与淹没损失年实物的货币量作分析比较来确定效益大小。但不管采用哪种方法都必须结合库区的淹没特性、淹没影响以及处理的难易程度等因素进行综合分析，才能比较全面地作出评价。

（2）补偿效益与淹没损失的比较

我国国情特点决定了水库淹没补偿投资大部分是通过移民工程用于移民安置区建设和其他国民经济对象的恢复重建，其经济效益如何，是衡量淹没处理质量的重要标志，也是移民能否安居乐业的关键所在。

恢复重建后的经济效益，一般是按其本身的技术经济指标分析来确定的，这样易于进行对比分析。但移民安置区的建设效益，除补偿投资的合理性外，还受到自然因素和社会环境诸多条件的影响，而且涉及新老居民之间的利益关系。因此，经济分析变量因素影响较大，计算结果随变量因素影响程度的变化具有明显的不确定性。

水库淹没补偿的目的是使受淹对象能运用补偿资金迅速发展生产和恢复经济。为了使移民达到妥善安置，不能将补偿资金仅作为消极的损失和生活补偿，而应是用于安置区域生产建设的一项投资，是一项动态的经济实现过程，是水库移民经济的连续资金运动，因而必须单独核算经济效果，保证生产的健康发展，从而改善和提高移民的生活质量。

安置区域分项移民工程，应在详细计算造价的基础上进行经济分析，判别安置方案的经济合理性，并将其综合经济效益与新老居民原有生产、生活水平进行较为合理的社会经济比较。

在水库工程的经济分析计算中，投资总额已经包括水库补偿费用。因此，水库淹没处理投资的补偿效益，对水库工程而言是一种重复效益。同时，通过移民工程所发挥的作用及效益，其经济意义又远非某些经济指标所能表达的。这是市场经济条件下水库移民经济的新课题，有待作深入探讨。

（3）补偿投资合理性分析

移民安置建设的经济效益，虽受多方面因素的影响，但与补偿投资的数额有一定的经济联系。如何从经济运行的规律上研究这一联系的深度、广度及其确定合理的研究幅度，还需要从理论与实践的结合上进一步完善。

2. *水库淹没处理和移民安置应瞄准效益*

水库淹没投资，并不反映移民所需投资，而是补偿性投入。补偿投资的多少，取决于受淹对象的种类、性质、实物数量和质量、迁建措施和安置工程的难易程度等，是视淹没损失的具体情况而决定的，受市场经济内在规律的制约。

传统的水库淹没投资，一般是依据国家建设征用土地办法而拟定的，由于各地各个时期淹没处理方式不同，计算方法不一，补偿投资的标准相差悬殊。现行较为适合国情、群众易于接受的方法是以恢复重建的实际需要计算投资。其合理投资额尚无明确规定，但研究方法着力于两个方面，一方面是考虑按照现行政策规定，计算应予补偿的投资；另一方面是计算移民工程实施后，在不降低原有生产、生活水平前提下，国家需要投入资金的最低限度，据此确定合理的补偿标准。如果补偿费用过低，则不能保证移民的切身利益；若补偿过高，则超过国家财力承受的允许范围。两种极端做法都不利于水利水电事业的发展和人民长远利益的满足。

水库移民问题涉及的内容非常广泛，尤其是农村移民，人多地少是重要的制约因素，但水库周围山区各种资源比较丰富，发展前途广阔。从实践经验看，移民可以“离土不离乡”，使劳动对象由田地向水面和空间发展，经营由农业扩展到其他领域，走劳动、资源、知识密集型之路，使劳动生产率、产品商品率、经济效益和纯收入实现同步增长，同步发展。

水库淹没处理和移民安置不应该简单地就事论事，它必须与安置迁建地区的社会经济发生密切联系。要使移民的生产、生活水平比搬迁前有所提高，且安置区的群众不因为接受了移民而降低收入，在土地和其他资源一定的条件下，就需要在明确界定的自然条件、经济状况和资源潜力的基础上，通过区域规划，合理调整布局，改善产业结构，协调生产关系，既要增加经济活力，又要能提供多种就业机会，同时还要为国民经济可持续发展创造条件。

第四节　新时代我国水利经济的发展

当前我国的经济飞速发展，水利经济带来的效益越发明显，并且水利经济符合科学发展观和可持续发展的战略方针，已经成为国民经济中最重要的部门经济。对水资源的保护以及合理地开发利用，可以带动区域经济、保护环境、抗洪减灾。地方的水利经济建设工程影响着地区的经济发展，因此政府对于地区的水利经济建设也十分重视，近些年来我国在水利经济建设领域也积累了很多实践经验，不断涌现优秀的水利企业和不断兴建的水利工程也彰显着我国水利经济的发展成果，水利企业甚至已经具备产业结构的预备模型，同时对整个国民经济的发展大有裨益。

一、地方水利经济发展的重要作用

经济是价值的表现方式之一，代表了价值的转化和创造，人类的经济活动是对价值进行转化和创造的途径之一，不仅能够满足人们的物质需要，也能创造精神文明满足人们的精神需求。国民经济是国家转化和创造价值的具体体现，旨在满足整体国民的物质和文化需求，营造良好的生存空间和氛围，国民经济中的经济类型多样，部门经济种类繁多，包括农业经济、工业经济、能源经济等，水利经济也是其中一个重要的部门经济，地方水利经济是国民经济的重要组成部分，对区域和整个国家的经济都有着不容小觑的作用与价值。地方水利经济是指对地区内的水资源进行统计和勘探，在经过地方水利部分和环保部门等多方的研讨之后，确定开采方案，对水资源进行管理、保护或者利用，建造水利工程来防旱减灾、调节径流，同时帮助地区的经济发展，水利工程不仅涉及水利技术领域，还涉及生态环保领域和其他产业领域，比如渔业。而随着科技以及时代的不断进步，水利工程的建设理念已经发生了一些变化，需要予以关注。

二、地方水利经济发展趋势和特征

我国的国土面积大，并且人口数量多，人们对水资源的消耗巨大，并且由于水资源区域分布的不平衡，所以水资源科学、合理地使用和开发极为重要，不仅要贯彻和落实国家可持续发展的战略方针，同时要联系我国的基本国情和区域的实际状况，一步一步优化地方水利经济建设。

①以科学发展观作为指导方针，在水资源的利用、保护、管理等方面重视生态环境的保护，实现人与自然的和谐共处。

②地方水利经济的开发研究要进行整体的战略布局，从地方的、国家的、发展的角度统筹规划。

③在地方水利经济的发展过程中，要多注意其他部门的配合，其他部门也要积极参与地方水利经济建设，水利经济工程建设要坚持多部门多学科的融合、交叉和渗透，才能实现科学发展。

④地方水利经济不仅直接关系着地方的经济效益，也和区域内的生态环境有着密切的联系，可能会对生态产生正面或者负面的影响，水利科技的研发进步可以很大程度上改善

区域水资源分布不均，对水资源进行综合管理。

三、地方水利经济快速发展的方法

我国地方水利经济对于整个国民经济的影响深远，为了使水利经济健康良性发展，使地方水利经济加快发展，需要从以下方面对地方水利经济发展过程中出现的问题进行处理。

（一）形成科学的地方水利经济发展理念

地方水利经济建设和管理工作，离不开科学的理念从中指导，理念要与时俱进，不仅顺应当前的社会经济发展趋势，还要联系实践中的发展状况，水利工程设计要敢于创新，水利经济管理要考虑全面，抛弃落后、陈旧、片面的理念，追求全新的、发展的、全面的理念，用整体性思路看待水利经济，比如依靠水资源的水产业，本质上是一种经营活动，所以水利企业要调研当地的消费偏好、消费人群以及消费水平，联系当地的自然条件和水文环境，对地方的渔业、水产业和水利工程的管理进行规划和设计，根据市场变化调整水产的种类和价格，帮助养殖户增收，同时满足地方老百姓的需求，提升区域的经济效益，政府部门和水利企业协同监督，监督水产质量和水利工程建设进度，共同促进地方水利经济的发展。

（二）政府加大扶持力度

地方水利经济的发展离不开政府的资金支持，因为大部分中小型水利企业的实力不足，一些大型水利工程和水利项目的开发建设以及管理工作需要强大的资金支持和保障，所以政府要加大对地方水利经济的资金投入。

地方政府部门在国家出台的水利经济政策的框架之下，发布有利于地方水利经济的相关政策，鼓励中小型企业积极参与地方水利建设，挖掘水利企业的潜力。

（三）培养相关人才

一方面，可以引进国外具备先进水利建设和管理理念的相关人才，对我国的水利经济发展提供指导，借鉴国外的经验；另一方面，要加强本国的水利人才培养，包括水利技术人才和水利工程管理人才，还要对岗位上的人员定期组织培训以及考核，不断强化他们的专业知识，提高他们的专业水平，为我国的水利经济建设出力。

（四）水利企业注重自身发展

水利企业是水利经济发展的重要单元，所以水利企业自身要树立正确的发展观念，提升企业的经营管理水平，制订科学的战略发展目标和计划，对水利工程的管理工作不断进行完善和优化，明确企业内和各个部门的职责和人员分工，强化监督，形成良好的水利企业管理机制。

四、在“互联网+”环境下做好水利经济发展规划的意义

水利经济，以水为载体，以对水资源开发、利用、保护、节约、管理等为手段，产生各种经济效能，在国民经济和社会发展中扮演重要角色。由于水是人类生存与发展及社会进步的生命之线，所以其具有很强的自身特点，主要表现在其发展与国民经济及社会发展关系颇为密切；实现的水利效益主要是社会的经济效益；再加上水利各功能实现过程中，既有有形产品的产生，亦有无形产品的存在，所以其经济实现形式较为复杂；另外，由于我国的国土面积十分巨大，每个地区的水利经济实现重点各有不同，比如，部分地区以灌溉和供水为主，有的区域却以防洪减灾为重点，所以行业经济效益指标考量需加以区别，才能有效实现绩效的评析。

“互联网+”发展模式可谓是一项国策，国民经济基于“互联网+”模式发展的势头迅猛，而作为国民经济中的支柱产业，水利业也要转变理念，重塑模式，将互联网的在线化、数据收集、数据共享与交互运行的优点运用于固有传统行业其中，将现存的水土资源利用程度不高、综合开发力度不够、认识误区的普遍存在、发展意识不能更新、固有机制存在束缚等导致综合经济实力不强的问题逐一解决，进而通过重塑商业模式、革新业务体系、构建人才队伍建设等方式顺应“互联网+”发展模式的大潮，方能实现行业的经济转型与升级，提升经济生产力，实现行业良性、健康、可持续的发展，最终实现社会财富的大聚集。

五、“互联网+”环境下做好水利经济发展规划的举措

信息时代对传统行业各项标准都造成了冲击，亟需相关行业对发展理念进行及时更新，顺势而为。本文基于对水利经济现存问题及“互联网+”环境的六大特点考量，提出如下发展规划举措。

（一）重塑发展与环保相融合的一体化模式

水利经济的发展离不开它的载体水资源，试想没有了载体，科技再为先进，也无计可

施，所以，水利经济的发展一定离不开环境的问题，其发展应首先重塑基于环保的一体化融合理念。

相关人士应该通过互联网的传播影响力，加大水利经济知识普及与关于发展问题的重要性宣传，让人们愈加认识到在如今全球变暖、环境恶化的今天，发展水利经济的时代紧迫性问题，让大众都积极参与到水利经济建设中来，建言献策，才能通过扩大影响范围，创造易于水利经济发展的市场经济环境，进而赢得水利经济发展的群众基础。另外，除了向社会大众进行宣传，各地政府及水利部门也应注意在实现水利经济发展过程中，因地制宜，不能盲目制定不切实际的发展计划，同时，发展水利经济过程中，也要考虑环境承载力，尽量避免环境污染。只有在人类充分保护环境的基础上，环境才能对等的给予我们足够长的时间发展，进而实现水利经济发展的现代化信息管控。

（二）创新以市场、生态为驱动的信息化理念

现阶段，仍有部分部门由于固有认知的粗浅，固有机制缺乏活力，权责划分尚有不明晰之处，使得部分水利工程在建设、使用和后续养护中管控分离，费用支出较大，不仅没有实现经济，还无端浪费了宝贵资源。更有甚者，依旧存在部分人员抱有干好干坏一个样的不实幻想，得过且过，对水利设施的研发缺乏主观认识，没有长远规划。所以，遏制水利经济发展中的不良之声，对原有水利发展理念进行创新，才是水利经济发展的关键。

只有结合当下互联网背景，从市场出发，对资源进行优化配置，充分发挥市场调节机制，实现水利经济发展区域布局的信息化与产销一体化，才能提高自身竞争力，实现多样化发展。另外，可实现多元化发展的途径即为与生态发展相结合，充分考虑生态因素，涉足生态旅游、生态农业等行业，加之互联网的信息化管理，进而促进水利经济发展的创新转变。

（三）优化因地制宜的水利经济发展布局

谈及经济发展，多数人第一时间会联想到利润指标，其实，在水利经济建设中，利润指标略显狭隘。在水利经济的效益评价指标中，常见的主要有三种：即水利效能指标、实物效益指标和货币效益指标。

水利效能指标，强调水利工程除害兴利的能力，包括削减的洪峰流量，提高排水标准，增加灌溉面积，改善航道里程等；实物效益指标，如粮食经济作物的发电量，客货载运量等；货币效益指标，涵盖减少洪涝经济损失的货币价值，灌溉增产的货币价值等。因此，各地想要在互联网背景下改善传统经济发展模式，需根据本地实际现状，切实因地制

宜，拟定相符的发展政策。既结合本地特质，又将信息化与地理优势相聚集，才能产生适应当下的地区性产业发展架构，实现行业新发展。

具体措施如下：第一，深挖水利资源开发力度，扩大水电产业发展比重，构建连接一切的有效产业发展形式；第二，继续加强对水资源本身的深层运用，通过大数据时代的信息共享，积极开创设备、方法创新，在降低资源浪费比例的宗旨上，加强水资源的深加工处理，实现自身优势的深度研究；第三，利用互联网经济共享，在实现关联企业互惠协作的模式上，提高经济关联度，带动相关产业发展，实现自身的又一次革新。

（四）加强与时俱进的水利人才队伍建设

即便在互联网信息化时代，人工智能已普遍实现，也不能忘却人才队伍建设。基于环保理念，对思想进行创新，并对产业发展布局进行调整，每一环节都不能单单依靠互联网而忽略人的主观能动性。

但是，我们又不得不承认，互联网又给人才的定义提出了新的要求。第一，推陈出新。传统理念下工作的人们可以给我们提供多年的经验与判断，但不能基于大数据进行适时革新，方式方法略显落伍，这里不单指员工层面，更重要的是上层干部层面，所以，要注重对人才培养，首先人才要认可并接受与“互联网+”模式的融合。第二，学会尊重。水利建设与发展离不开创新，“互联网+”同样强调创新，二者融合，创新是一个切合点，实现创新，离不开人的主观意识，而水利单位应当给有想法的有志人才提供能力范围内的广阔舞台，尊重知识，尊重想法，积极鼓励创新，把所学知识充分应用到水利发展建设的实践中去，以实现行业的多元化发展。第三，高薪聘任。水利单位的内部人才建设特别重要，除此之外，积极引进高科技人才，并进行定向培养，将相关产业的高素质人才引入其中，也实现了一种新的融合，还可以避免由于长期从事水利建设的固化思维，从思考角度、技术支撑等层面多样化开拓，以实现“互联网+”背景下水利经济的积极发展。

参考文献

［1］付志国，高青春，刘姝芳. 水利工程管理创新与水资源利用［M］. 长春：吉林科学技术出版社，2023.

［2］巴丽敏. 现代水利工程管理与环境发展探索［M］. 长春：吉林科学技术出版社，2023.

［3］蔡光明，胡琳琳，张龙. 水利工程管理与技术应用研究［M］. 汕头：汕头大学出版社，2023.

［4］李海涛. 水利工程建设与管理［M］. 西安：西北工业大学出版社，2023.

［5］杨育红. 水利工程质量管理［M］. 郑州：黄河水利出版社，2023.

［6］谷祥先，凌风干，陈高臣. 水利工程施工建设与管理［M］. 长春：吉林科学技术出版社，2023.

［7］华杰，何卫安. 水利灌溉工程建设与管理［M］. 武汉：华中科技大学出版社，2023.

［8］宋晓黎. 水利工程施工组织与管理［M］. 郑州：黄河水利出版社，2023.

［9］任海民. 水利工程施工管理与组织研究［M］. 北京：北京工业大学出版社，2023.

［10］潘晓坤，宋辉，于鹏坤. 水利工程管理与水资源建设［M］. 长春：吉林人民出版社，2022.

［11］常宏伟，王德利，袁云. 水利工程管理现代化及发展战略［M］. 长春：吉林科学技术出版社，2022.

［12］陈功磊，张蕾，王善慈. 水利工程运行安全管理［M］. 长春：吉林科学技术出版社，2022.

［13］褚峰，刘罡，傅正. 水文与水利工程运行管理研究［M］. 长春：吉林科学技术出版社，2022.

［14］张晓涛，高国芳，陈道宇. 水利工程与施工管理应用实践［M］. 长春：吉林科学技术出版社，2022.

［15］张长忠，邓会杰. 水利工程建设与水利工程管理研究［M］. 长春：吉林科学技术出版社，2021.

［16］宋秋英，李永敏，胡玉海. 水文与水利工程规划建设及运行管理研究［M］. 长春：

吉林科学技术出版社，2021.
［17］魏永强. 现代水利工程项目管理［M］. 长春：吉林科学技术出版社，2021.
［18］曹刚，刘应雷，刘斌. 现代水利工程施工与管理研究［M］. 长春：吉林科学技术出版社，2021.
［19］张燕明. 水利工程施工与安全管理研究［M］. 长春：吉林科学技术出版社，2021.
［20］吕翠美，凌敏华，管新建. 水利工程经济与管理［M］. 北京：中国水利水电出版社，2021.
［21］杜辉，张玉宾. 水利工程建设项目管理［M］. 延吉：延边大学出版社，2021.
［22］高玉琴，方国华. 水利工程管理现代化评价研究［M］. 北京：中国水利水电出版社，2020.
［23］贾志胜，姚洪林. 水利工程建设项目管理［M］. 长春：吉林科学技术出版社，2020.
［24］闫文涛，张海东. 水利水电工程施工与项目管理［M］. 长春：吉林科学技术出版社，2020.
［25］赵永前. 水利工程施工质量控制与安全管理［M］. 郑州：黄河水利出版社，2020.
［26］刘勇，郑鹏，王庆. 水利工程与公路桥梁施工管理［M］. 长春：吉林科学技术出版社，2020.
［27］张永昌，谢虹. 基于生态环境的水利工程施工与创新管理［M］. 郑州：黄河水利出版社，2020.
［28］崔永玲，刘丽. 水利经济与水利工程管理［M］. 沈阳：辽海出版社，2020.
［29］宋美芝，张灵军，张蕾. 水利工程建设与水利工程管理［M］. 长春：吉林科学技术出版社，2020.
［30］马琦炜. 水利工程管理与水利经济发展［M］. 长春：吉林出版集团股份有限公司，2020.
［31］赵建祖，姜亚. 水利工程施工与管理［M］. 哈尔滨：哈尔滨地图出版社，2020.
［32］杜守建. 水利工程技术管理［M］. 北京：中国水利水电出版社，2020.